乡村规划设计与实践教学丛书　主编　李郇
Series of Rural Planning and Design in Practice　Edited by Xun Li

美丽**塘房**　共同缔造

王劲　陈婷婷　李筠筠　著
Authored by Jin Wang, Tingting Chen, Junjun Li

Co-creation of
Beautiful Tangfang Village

中山大学出版社
·广州·

版权所有　翻印必究

图书在版编目（CIP）数据

美丽塘房　共同缔造/王劲，陈婷婷，李筠筠著. -- 广州：中山大学出版社，2025.5. -- （乡村规划设计与实践教学丛书/李郇主编）. -- ISBN 978-7-306-08417-0

Ⅰ. TU982.29

中国国家版本馆 CIP 数据核字第 2025BS8397 号

MEILI TANGFANG　GONGTONG DIZAO

| 出 版 人：王天琪
| 策划编辑：曾育林
| 责任编辑：曾育林
| 封面设计：林绵华
| 责任校对：魏　维　杨曼琪
| 责任技编：靳晓虹
| 出版发行：中山大学出版社
| 电　　话：编辑部 020 - 84113349，84110776，84111997，84110779，84110283
| 发行部 020 - 84111998，84111981，84111160
| 地　　址：广州市新港西路 135 号
| 邮　　编：510275　传　真：020 - 84036565
| 网　　址：http://www.zsup.com.cn　E-mail：zdcbs@mail.sysu.edu.cn
| 印 刷 者：佛山市浩文彩色印刷有限公司
| 规　　格：787mm×1092mm　1/16　10.625 印张　254 千字
| 版次印次：2025 年 5 月第 1 版　2025 年 5 月第 1 次印刷
| 定　　价：50.00 元

如发现本书因印装质量影响阅读，请与出版社发行部联系调换

目 录

编者序 ………………………………………………………………………………… 1

第一章 乡村振兴与传统村落 ………………………………………………………… 1
  第一节 农房与乡村振兴 …………………………………………………………… 2
    一、居住问题依旧是当代乡村的最大问题 ………………………………… 2
    二、建设宜居宜业和美乡村 ………………………………………………… 3
  第二节 传统村落保护与利用的出发点与回归点 ………………………………… 4
    一、中国传统理想人居环境：自然、人、社会三者的关系 ……………… 4
    二、中国美好人居环境的典范：传统村落 ………………………………… 6
    三、传统村落与共同缔造 …………………………………………………… 7
    四、乡村设计与历史文脉 …………………………………………………… 8

第二章 以塘房村为例的中国传统村落保护与发展教学实践 ……………………… 11
  第一节 课程目的与教学 …………………………………………………………… 12
    一、课程主题 ………………………………………………………………… 12
    二、案例地介绍 ……………………………………………………………… 12
  第二节 课程要求 …………………………………………………………………… 13
  第三节 课程时间安排 ……………………………………………………………… 13
  第四节 教学过程全记录 …………………………………………………………… 14
    一、多次深入调研，获取基础资料 ………………………………………… 14
    二、摸查户情和建筑，推演聚落演变过程 ………………………………… 17
    三、调查水系发展，助力基础建设 ………………………………………… 22

第三章 塘房村保护与发展规划 ……………………………………………………… 25
  第一节 塘房村发展历史和村民需求 ……………………………………………… 26
    一、塘房陶氏迁徙史 ………………………………………………………… 26
    二、塘房村聚落演变 ………………………………………………………… 26
    三、农房风貌演变 …………………………………………………………… 28

第二节 塘房村现状及存在问题 ……………………………………… 31
　　一、人口与经济收入情况 ………………………………………… 31
　　二、产业发展方向 ………………………………………………… 31
　　三、基础设施方面 ………………………………………………… 31
　　四、医疗卫生情况 ………………………………………………… 32
第三节 塘房村保护与发展规划 …………………………………… 32
　　一、推广鲁史—塘房—金马茶马文化及农文旅全域旅游品牌 …… 32
　　二、推进塘房—鲁史小流域规划治理 …………………………… 34
　　三、基于茶马古道段村落全范围提升 …………………………… 36

第四章 和村民一起盖房子 …………………………………………… 41

第一节 农房改造 …………………………………………………… 42
　　一、根据建筑普查结果、农户意愿选定改造试点 ……………… 42
　　二、成立合作组织，商讨规章制度 ……………………………… 43
　　三、厨房改造试点，形成"益生菌"效应 ……………………… 45
　　四、客厅改造实验，探索多种模式 ……………………………… 49
　　五、人畜分离试点，塘房第一饲养院 …………………………… 56
第二节 建设成效 …………………………………………………… 61
　　一、挖掘历史资源，保护传统风貌 ……………………………… 61
　　二、引导人畜分离，优化环境卫生 ……………………………… 61
　　三、完善管理体系，保证可持续发展 …………………………… 63
　　四、重塑乡村空间，带动社会关系重塑 ………………………… 63
　　五、多渠道推广，实现宣传效应最大化 ………………………… 64
　　六、推进农房改造，实现现代生活 ……………………………… 66

第五章 传统村落的农房改造技术指引 ……………………………… 69

第一节 研究先行——梳理当地情况要素，建构乡村发展整体形态 …… 70
第二节 日常切入——发现问题，从日常生活空间切入 ………… 71
第三节 共谋、共建、共管、共评、共享 ………………………… 71
第四节 地方营建——本地知识、传统技艺、当地材料 ………… 73
　　一、本土工匠营造智慧体现 ……………………………………… 74
　　二、传统民居建筑营造技艺 ……………………………………… 83

第六章 传统村落共同缔造实践大家谈 ·· 95
    第一节　团队实践感言 ·· 96
    第二节　团队师生工作日志（节选）及心得体会 ·················· 99
        一、教师工作日志 ··· 99
        二、学生工作日志 ··· 102

后　　记 ·· 157

编 者 序

改革开放以来,我国创造出快速城市化的奇迹。至2021年末,我国城镇人口达到9.14亿,占总人口的64.72%,在1979年这一比例仅为17.92%[①]。然而,仍有4.98亿人居住在233.2万个村落中[②]。与因资源要素聚集而获得快速发展的城市相比,广大乡村的发展相对滞后,成为制约我国城乡融合发展的主要障碍之一。

乡村振兴是一项长期的事业。从人类社会发展的一般规律来看,城乡发展不平衡问题是世界上任何国家在现代化进程中都无法回避的问题。许多发达国家都曾采取规划建设手段,辅以各种政策措施,尝试解决乡村衰退的问题,如法国的"农村振兴计划"、韩国的"新村运动"及日本的"造町运动"等。我国乡村振兴战略提出以来,在党和政府的关切下,乡村在产业发展、生态宜居、社会文化、治理水平、村民生活等方面均取得举世瞩目的成效,村民的获得感、幸福感、安全感大幅提升。

回顾我国乡村发展历程,乡村规划的作用非常突出。例如,人民公社规划、乡镇企业规划、小城镇规划、村庄规划等,始终服务于国家重大战略。近年,党中央、国务院提出开展农村人居环境整治提升与乡村建设行动,坚持规划先行,积极有序推进村庄规划编制,发挥村庄规划的指导约束作用,确保各项建设依规有序开展[③]。突出统筹推进,树立系统观念,先规划后建设,实现农村人居环境整治提升与公共基础设施改善、乡村产业发展、乡风文明进步等互促互进[④]。

乡村规划本身具有一套完整、独立的科学体系与工作方法,但不少规划师直接套用城市规划的方法规划乡村,导致规划与传统乡土社会脱嵌、与村民日常生活脱节,引发乡村风貌被城市景观取代、乡村地方性特色流失,以及因规划不当造成的资源配置不足或不公等问题。此外,不少村庄的基础设施和公共文化设施利用率低下,且缺乏有效的管理运营机制,造成资源浪费。

乡村不同于城市,有其自身特点:其一是完整性。麻雀虽小,五脏俱全。在空间上,乡村是由山、水、林、田、湖、草等要素共同构成的完整人居系统;在时间上,乡村是在漫长的历史时期内由自然演化和社会发展而成、承载着一定秩序和伦理的栖息地。其二是地域性。我国幅员辽阔,不同区域之间地形、气候、降水、文化等都有

---

① 数据来源:《中国统计年鉴2022》。
② 数据来源:《中国城乡建设统计年鉴2022》。
③ 《乡村建设行动实施方案》,中共中央办公厅、国务院办公厅印发。
④ 《农村人居环境整治提升五年行动方案(2021—2025年)》,中共中央办公厅、国务院办公厅印发。

较大差异。村与村之间无论是宏观的山水格局、中观的聚落形态，还是微观的农房营造特质都有所不同。其三是集体性。村落是人们在长期生产生活中形成的共同体，村民之间守望相助、相互扶持，邻里协作非常广泛，共同建设了水利、桥梁、道路、宗祠等设施。其四是分散性。为适应山岳、丘陵、湖泊等自然环境，形成了大分散、小聚居的村庄格局；相应地，村庄内的各类设施，诸如污水处理池、活动小广场等，大多呈现出规模小且分散的特点。因此，对乡村进行规划，最重要的是将空间与社会相结合，对村落的自然地理、历史地理、经济地理条件进行整体考虑。乡村的特征和乡村规划的综合性对培养具备实践智慧、处理复杂实际问题能力以适应当代发展需求的规划人才提出了更高的要求。

乡村规划教育的历史可追溯到一个世纪前张謇在南通开展的探索。他提出"实业教育并进迭用"的思想，以实业获取资金辅助教育，以教育培育人才改良实业。张謇包括其后的晏阳初、梁漱溟、陶行知等知识分子，倡导将农民组织起来，通过兴办教育、改良农业、提倡合作、改善公共卫生和移风易俗等措施，以复兴日趋衰落的乡村。他们无一例外都将解决乡村问题作为转型过程中解决社会问题的方法和手段，寻找改造中国、振兴中华的良方[1]。他们的努力有乡村规划的思想，由于时代的局限性，均以失败告终。

在以中国式现代化全面推进中华民族伟大复兴的时代使命下，高校应当走出教学和科研的象牙塔，更多地参与解决社会问题。与大多数人文/社会科学学科不同，乡村规划既不是解释性的，也不是预测性的，而是关于良好实践的学科[2]。然而，由于传统教学课程结构的局限、专业教育的过度细分，以及实践教育的缺失，导致规划教育与社会实践出现分离的现象。另外，社会总是发展的，对规划教育的要求也随之变化。尤其是当前，面对复杂的国际政治局势、全球性经济危机、气候变化等外部形势，以及快速城镇化造就国内城乡建设出现诸多问题，规划教育必须进行深入的思考和实质性的改革，以适应市场变化和技术进步，更好地服务国家与人民的需求。这就要求学生在接受传统的课堂教育之外，还应走向田野、走向乡村社会，不仅需要掌握相关理论，还需要培养实际操作的技能、解决问题的能力以及团队合作的能力。

为此，不少学者和业内人士开始呼吁一种理论结合实践的规划教育体系[3][4]。比

---

[1] 彭秀良、王长征：《梁漱溟与乡村建设运动》，载《中国社会工作》2019年第4期，第44–45页。

[2] Friedmann J. "Teaching planning theory". *Journal of planning education and research*, 1995, 14 (3): 156–162.

[3] Baldwin C., Rosier J. "Growing future planners: a framework for integrating experiential learning into tertiary planning programs". *Journal of planning education and research*, 2017, 37 (1): 43–55. Campbell H. "Planning to change the world: between knowledge and action lies synthesis". *Journal of planning education and research*, 2012, 32 (2): 135–146.

[4] Campbell H. "Planning to change the world: between knowledge and action lies synthesis". *Journal of planning education and research*, 2012, 32 (2): 135–146.

如吴良镛先生倡导"教学、科研与实践相结合"的模式①，规划师应当是有理想的实践家和改革的促进派，不仅要有艰苦奋斗的学习研究精神，也要有脚踏实地的奉献精神②。乡村规划教育变革的方向，在于三个"回归"：回归原理、回归人民、回归实践。所谓回归原理，就是回归乡村规划的基本价值观和方法论，万变不离其宗，规划师需要尊重乡村发展规律、遵循乡村规划的基本原则，以空间为缔造美好环境与幸福生活的载体；规划结合治理，建立有效的组织与资源配置体系，构建综合、统一的人居秩序与治理体系③。所谓回归人民，就是走新时期的群众路线，为村民的日常生活而规划，通过规划将村民组织起来，找到最大公约数，提升村民福祉和凝聚力。所谓回归实践，就是乡村规划要从实践中来、到实践中去，坚持问题导向、目标导向与结果导向相结合，在实践中检验并不断完善规划。崔功豪先生也强调规划教育理论与实践相结合的传统，注重在规划实践中培养学生调查、研究、综合分析的能力④。

中山大学是探索乡村规划变革的主阵地之一，地理系成立于1929年，在新中国成立初期便开始扎根乡村，主要以服务农业为目标，以划分农业区划、研究农作物布局为主要任务。20世纪60年代许学强先生等在广东各地乡村深入调研后，通过比较各类作物不同轮作方式的经济效益，科学规划农作物布局，为农业与农村发展作出了贡献⑤。2000年，设立城乡规划学科，培养地理学背景下以城乡规划为核心，多学科交融的规划人才。2012年，单独设置乡村规划课程，包含乡村规划原理与实践两门课，引导同学们扎根乡村、为村民服务。乡村规划就是要培养学生对乡村的认知、专业技能与动手能力，在乡村规划实践中获得将时间与空间相结合，以及历史、现在与未来综合思考的能力。十几年来，我们带领同学们开展调研访谈和在地设计，将足迹踏遍广州乃至周边地区的许多村落，诸如花都区港头村、黄浦区深井村，甚至珠海市的淇澳村，等等。时至今日，这些村落仍然留存同学们的规划方案，村民们也是对中山大学师生印象颇深。

中山大学中国区域协调发展与乡村建设研究院成立于2019年，依托住房和城乡建设部与中山大学的优势资源和研究力量，长期从事乡村规划与研究工作。早在研究院成立9年前的2010年，在时任云浮市委书记的领导下，我们便在"云浮共识"中提出"实践探索与理论创新相互促进""美好环境与和谐社会共同缔造"的倡议。将乡村规划与乡村治理相结合，通过在广东、福建、辽宁、青海、湖北和云南等全国多

---

① 吴良镛：《论城市规划教育》，载《吴良镛城市研究论文集》，中国建筑工业出版社1996年版，第204-208页。

② 吴良镛：《迎接新世纪的来临——论中国城市规划的发展》，载《吴良镛城市研究论文集》，中国建筑工业出版社1996年版，第3-20页。

③ 吴良镛：《明日之人居》，清华大学出版社2013年版。

④ 崔功豪：《情系规划忆岁月》，中国建筑工业出版社2022年版。

⑤ 雷雅钦、谢书悦：《许学强教授：克难履艰求学路，师恩难忘报国情》，https://mp.weixin.qq.com/s?_biz = MzI1MzIxNTExMg = = &mid = 2247505881&idx = 1&sn = 94c9f3e4107b4714d86e9dea7173 7526&chksm = e-9d57f3edea2f628160e5d31fca3dfdf9d08cb21a5052813b287aae2e8dd201254e8b1b8e2f2&scene = 27。

个省份 50 多个城乡社区的实践，探索出共同缔造理念下的乡村规划模式。同时，共同缔造也是规划教育创新的实践探索。对于同学们而言，共同缔造理念下乡村规划是在实践中学习的过程，是同学之间知识交流的过程，也是在乡村优美的自然环境和悠久的历史文化中陶冶情操的过程，还是培养社会责任感的政治思想教育的过程。

  本系列的三本书选取我们团队在云南省凤庆县的红塘村、塘房村以及湖北省黄梅县的渡河村开展的乡村规划共同缔造为例，作具体介绍，与读者共飨。红塘村与塘房村属于中山大学对口帮扶凤庆县的重要组成部分，自 2013 年起中山大学已对口帮扶凤庆 12 年。我们自 2021 年起加入帮扶行列，逐步进入红塘村与塘房村开展共同缔造工作，团队师生前后在两个村庄驻场 10 余次，总驻场时间 100 余天，驻场人次达 200 人以上。我们分别以小菜园和农房改造为切入点开展美好环境与幸福生活共同缔造工作，三年多时间内，在两村村民、村委以及中大规划团队的共同努力下，红塘村与塘房村的村庄面貌均焕然一新，村民社会关系日益紧密。渡河村是湖北省委、省政府确定的共同缔造试点村之一，以探索基层治理现代化路径。我们从 2023 年起开展共同缔造工作，引导政府资源配置与村民日常生活有效衔接，完成党群服务中心、儿童乐园、小菜园、邻里互助中心等空间的规划建设；同时将基层治理与乡村规划相结合，引导县镇村各级建立了以奖代补机制、群众议事制度、党群组织下沉制度等机制体制，有效提升了渡河村的治理水平。

  "不积跬步，无以至千里；不积小流，无以成江海。"100 多年前，梁漱溟面临乡村问题，曾发出"吾辈不出如苍生何"的感叹，继而躬身入局；及至今日，乡村新的机遇和问题叠加，正如吴良镛先生在《八十回顾，一得之愚》的发言中所说，"……道路还很漫长，也很艰巨，涉及社会，涉及改革，也许需要几代人努力才能完成。跬步千里，离不开点点滴滴的创造，我们肩负时代使命，工作不能懈怠，不能放弃一切创造的努力"。目前，三个村以及全国许多村的规划实践工作仍在继续，不断告诫我们规划者需要登山临水、知古论今，做到真正向自然学习、向历史学习、向村民学习。

第一章
乡村振兴与传统村落

本章内容

本章探讨了农房在乡村振兴中的重要性,强调了农房设计改造和提升对提高农民生活品质和促进农村经济发展的作用;引用了吴良镛和梁思成等专家的观点,指出建筑学应从单纯的房屋研究拓展到人和社会方面,关注居住问题;此外,强调了传统村落保护与利用的重要性,提出了美好人居的样本,探讨了乡村设计与历史文脉的关系,以及如何通过共同缔造工作坊营造美好环境并实现幸福生活。最后,呼吁在全球化背景下保护和传承本土文化,建设具有地区特色的建筑。

第一节　农房与乡村振兴

一、居住问题依旧是当代乡村的最大问题

"一个真正的建筑大师，不是看他是否设计出了像埃菲尔铁塔一样流传百世的经典建筑，而是看他是否能让自己国家的老百姓居有定所。""建筑学不能仅指房子，而需要触及本质，即以聚居说明建筑，从单纯的房子拓展到人、到社会，从单纯物质构成拓展到社会构成。"

——中国著名的建筑与城乡规划学家、教育家、两院院士、2011年国家最高科技奖获得者吴良镛

自新石器时代起，人类开始聚居在一起，建造房屋、从事耕作、饲养牲畜，并挖掘壕沟以保障安全，这就形成了聚落。西安市临潼区城北的姜寨遗址，就是典型的新石器时代的聚落遗址，其布局非常清晰，居住区的房屋围绕着中心广场分布，房屋分为四组，均是较小的房屋围绕着一座较大的房屋。其东南部有一座大房子，是氏族公共活动场所。居住区外围还挖有壕沟，以保障安全。西安浐河畔的半坡遗址同样是新石器时期母系氏族的典型聚落遗址。世界各地人类早期聚落均显示着乡村的生活、生产场景和体验。又如，林盘是成都平原地区的一种典型聚落模式，几户人围绕起来，饲养一些牲畜，中间是竹林，外围是田地，这样就形成一个村落，现在成都郊区的村庄仍有这样的聚居的痕迹。"聚落"的概念提醒我们，建筑学不能仅研究房子，而需要触及本质，即以聚居说明建筑，从单纯的房子拓展到人、到社会，从单纯物质构成拓展到社会构成[1]。

1945年林徽因即著文论战后住宅，探讨了抗日战争后住宅的设计与建设，强调了住房对于人们生活的重要性。她提出，在抗日战争后的重建过程中，应该注重满足人民群众的基本需求，尤其是在住宅方面的合理规划和设计。梁思成进一步提出"住者有其房"的理念，强调这是人民群众普遍的渴望。这一观点反映了社会对住房问题的关注，尤其是在经历了战争之后，人们对安定生活环境的向往愈发强烈。梁思成认为，农房作为这一理念的核心，不仅是提高农村生活质量的关键，也应成为政策制定和资源分配的重点。

农房，不仅是一个居住的空间，更承载着家庭生活、文化传承及社区发展的基础。改善农房的设计和建设，可以有效提升农民的生活品质，促进农村经济的发展，成为推动社会进步和经济发展的重要环节。在这个过程中，建筑师、设计师和政策制定者需要共同努力，创造出既符合现代生活需求，又融入当地文化特色的住宅环境。

---

[1] 吴良镛：《广义建筑学》，清华大学出版社1989年版，第35页。

只有这样，才能真正实现"住者有其房"的目标，让每个人都能享受到安全、舒适的居住条件，从而为构建和谐社会和乡村振兴打下坚实的基础。

二、建设宜居宜业和美乡村

实施乡村振兴战略是解决新时代下我国社会主要矛盾的必然要求。党的十九届五中全会提出，实施乡村建设行动，把乡村建设摆在社会主义现代化建设的重要位置。时任副总理胡春华指出，乡村建设是实施乡村振兴战略的重要任务，也是国家现代化建设的重要内容。乡村建设实践和研究是在推动乡村全面振兴背景下，立足乡村发展规律，科学探讨乡村建设行动的内涵、路径和机制，不断提升人居环境水平，推动农村农业现代化与共同富裕实现的过程。随着乡村振兴战略的深入实施和农村消费需求的提质升级，提升住房品质成为农村居民的首要选择，同步带来农村住房建设管理方面的新问题和新要求。

党的二十大报告中提出"全面推进乡村振兴"，强调"建设宜居宜业和美乡村"。基于此，一是要扎实稳妥实施乡村建设行动。以满足农民群众美好生活需要为引领，重点加强普惠性、基础性、兜底性民生建设。二是要健全宜居宜业和美乡村建设推进机制。要建立健全自下而上、村民自治、农民参与的实施机制。充分发挥农民主体作用，更好发挥政府作用，政府要切实提供好基本公共服务，做好规划引导、政策支持、公共设施建设等，农民应该干的事、能干的事就交给农民去干，健全农民参与规划建设和运行管护的机制。

住房和城乡建设部提出，在乡村建设中深入开展美好环境与幸福生活共同缔造活动，以乡村人居环境建设为抓手，充分发挥农村基层组织引领作用。2021年《农村人居环境整治提升五年行动方案（2021—2025年）》提出强化基层组织作用。充分发挥农村基层党组织领导作用和党员先锋模范作用，在农村人居环境建设和整治中深入开展美好环境与幸福生活共同缔造活动。2022年中共中央办公厅、国务院办公厅印发《乡村建设行动实施方案》，提出完善农民参与乡村建设机制。

乡村振兴和乡村建设应该依托历史背景，赓续历史文化传统，做好保护与传承。2017年《关于实施中华优秀传统文化传承发展工程的意见》提出传统文化保护应融入生产生活。2023年全国宣传思想文化工作会议首次提出了习近平文化思想，坚定文化自信，包括"着力赓续中华文脉、推动中华优秀传统文化创造性转化和创新性发展"在内的"七个着力"，奠定了其实践体系，为推动建设中华民族现代文明在乡村建设中探寻保护和发展的平衡，建立了有效路径框架，奠定了思想理论依据。

第二节　传统村落保护与利用的出发点与回归点

一、中国传统理想人居环境：自然、人、社会三者的关系

中国是一个传统农耕国家，中国文化扎根于广大乡村。乡村是在人与自然环境互动的过程中形成的，乡村的各类要素是在人的主观能动下形成的，包括设计、利用和改造建设宜居的生活环境。乡村建设既是村民经济能力的体现，也是人为营造山水空间，使生产与生活空间有序的文化体现。人们在生产和生活实践中不断总结经验，逐渐形成了一套充分体现天人合一理念的乡村选址和规划方法，乡村人居环境呈现一种典型的内向围合的聚落格局（见图1-1）。

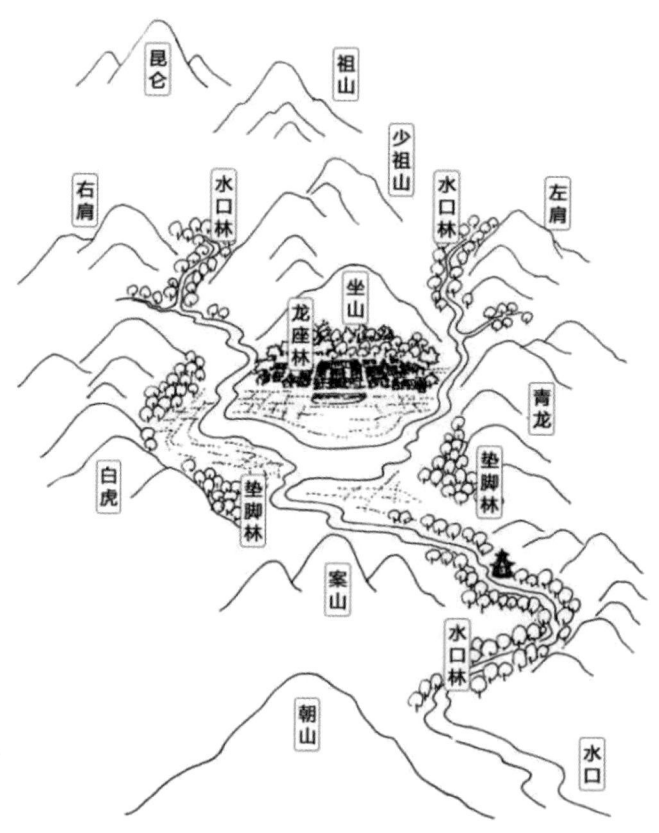

图1-1　理想人居选址（图片来源：王劲自绘）

吴良镛先生把人居环境解析为自然、人、社会、建筑物和网络五个要素，其中人是人居环境的核心，大自然是基础，人居环境是人与自然联系和作用的中介，也是人

与人共同创造居住地（建筑）、形成社会关系网络的基础①。

1. 认识与利用自然

"天人合一""道法自然"等古思想引导着人们追寻在美好山水中的理想居所。人们追求理想的山水格局，如"负阴抱阳，背山面水"、《阳宅十书》中的"人之居处，宜以大地山河为主"。人们在刀耕火种的生活和与自然环境的接触中，在不同山水格局下营造了不同特点的乡村。早期人类聚居地要有良好的自然生态环境为支撑，并且应具有朴素的土地利用概念，再跟随环境条件意匠经营②。例如，位于安徽省黄山市黟县的宏村，三面环水，西临虞山溪和羊栈河，东傍东边河，三条山溪汇合于村南之后注入奇墅湖。整个村庄以青山为屏障，地势高爽，可挡风拦洪。宏村的村落选址正是出于对山水格局的探索，最终选择了一个自然环境围护与屏蔽，又具有边界和依靠，能够隔离和栖息的理想居住模式。

2. 适应与结合自然

聚落的整体结构和布局是人们为适应自然，并结合生活需求、社会文化因素进行建设而形成的。中国南北方乡村聚落在空间格局、街巷体系、公共建筑、农房形态等方面存在着地区性的特征差异（见图1-2）。

图 1-2　传统村落卫星图

---

① 吴良镛：《人居理想　科学探索　未来展望》，载《人类居住》2017年第4期，第3-10页。
② 吴良镛：《中国传统人居环境理念对当代城市设计的启发》，载《世界建筑》2000年第1期，第82-85页。

人们通过设计和使用农房等建筑物融入自然和社会，充分体现人类智慧与自然环境的协调、融合。例如，传统民居中的"留白"：人们通过极简的艺术设计手法，突出主体，营造出虚实结合的美学意境。福建土楼则是人们基于防外敌及野兽侵扰的"防御心理"和丘陵地貌的"自然条件"建造的方便聚居的建筑，其利用夯土与石脚做墙，形成坚固的防御。

又如，客家乡村的风水塘结合了日常灌溉、养殖、洗涤、排水甚至灭火等生活需求而造。夏天时水塘有"过塘风"，能起到调节村庄气候的作用。又如，广府村落的冷巷，房屋外墙与周围墙之间形成高而窄的露天通道，可以遮挡烈日照射，使巷内温度降低，同时有利于凉风流通。

3. 融入与改造自然

乡村的形成是自然、人、社会有机融合的过程。人类从认识与适应自然、借助与利用自然到结合自然演变加以引导与改造，最终实现自然、人、社会三者的有机融合。人类结合自然演变加以引导和改造的过程，即人化自然。具体来说，是人按照自己的标准、目的、理想和需要，对自然空间进行改造，将客观存在的场地，变成了更适宜人居的场所（即文化/人化的场地），也进一步成为文化景观的主体。同时，人化自然的过程，也是人类通过人与自然的融合形成社会结构的过程。这种结构逐步演变为传统智慧与社会单元，构建了人和人之间的关系，使人们能够共同解决社会问题。

人化自然的过程中，空间结构的改变往往会带动社会结构的转变。在传统的乡村熟人社会中，社会结构往往由个人、家庭、邻里、宗族构成，乡村（设计）建设的主体是长老、乡贤、工匠、村民。人与自然的融合要基于成熟的社会结构，在和谐的社会中构建和谐的社会关系。而发挥村民主体性，能够使大家在共同行动中达成共识。基于村民对美好生活的向往共识，凝聚村民智慧，推动将个体行动转变为集体协作，在共同劳动中构建社会关系，使村民对于参与村庄建设具有积极性、主动性、创造性。农村集体上梁、村民集体修建侗寨、塘房村共同修建山神庙、青海修庄廓院干打垒、客家土楼的营造和修缮等，均是村民在达成共识后开展的共同行动。

二、中国美好人居环境的典范：传统村落

中国传统村落作为美好人居环境的典范，充分体现了人与自然之间和谐共生的关系。这些村落不仅是历史文化的载体，更是生态智慧的结晶，展现了中国深厚的农耕文化与自然环境的互动。首先，传统村落的建筑通常采用当地的自然材料，如土、木、石等，这使得村庄在视觉上与周围的自然环境融为一体。例如，徽州的白墙黑瓦与青山绿水相映成趣，形成了独特的乡村景观[①]。这些建筑不仅在外观上和谐，还通

---

① 王浩锋：《社会功能和空间的动态关系与徽州传统村落的形态演变》，载《建筑师》2008年第2期，第23–30页。

过合理的空间布局和通风采光设计，适应了当地的气候条件，从而提高了居民的生活舒适度。其次，传统村落承载着丰富的文化遗产和社会习俗，反映了人们对自然的敬畏与感恩。每年举行的春耕祭祀、丰收庆典等活动，不仅增强了社区的凝聚力，也使人们意识到自然的重要性[①]。这些传统活动促进了人与自然的和谐共处，强调了文化传承和文脉延续。传统村落作为美好人居环境的样本，以其独特的方式展现了人与自然的和谐关系，在现代化的进程中，应当科学保护并合理更新这些传统村落，为可持续发展提供宝贵的借鉴。

三、传统村落与共同缔造

相较于不可改变的"历史"而言，"传统"从历史中来，也将延续至未来。所以，传统并非不可改变的，但是有脉络可循的向前发展，而非断裂式的突变；是平衡兼顾的向前进化，而非片面、失衡的表面跃进。因此，对传统村落的法定规划叫"保护与发展规划"，保护与发展是一个辩证统一的过程。保护并非就是让其保持不变，阻止其发展，而是要管控其发展，避免在变化过程中脱离了"传统"的文脉；发展也并非放弃保护，而是从强制保护转变为引导村民对传统的关注与价值发现。

在编制传统村落保护与发展规划的过程中，"共同缔造"尤为重要，单纯的自下而上或自上而下规划都会造成价值体系的失衡和传统的失真。例如，在村落规划建设过程中，外来设计团队极易肤浅地认知"传统"，只见某个时空片段遗留的传统风貌，而不见其背后的传统技艺与传统意愿，"迎之不见其首，随之不见其后"，反令传统失去原真。又如在建设过程中，传统知识与现代技术会发生碰撞，在设计过程中专业团队与地方工匠交流学习时会发生碰撞，大家很难借助现代科学体系从多角度认知传统、理解传统，这极易令传统失去生命力。最难的是，须建立一个以传统为鉴的价值标准而非以传统符号框定一切。既面向未来，又不割裂传统，同时能引导村民实现价值的自主性与审美取向的多元共生，才是令传统不至于迷失方向的关键。

故此，只有汇聚国家、地方政府、专家学者、社会团体、村民组织的力量，共谋、共建、共管、共评、共享，才能最大限度地挖掘价值、平衡矛盾、解决问题，焕发传统的新魅力。美好生活与共同缔造，既是一个世纪以来先辈探索追寻的经验总结，也是乡村振兴的初心所在。

在经济快速发展的形势下，建筑师逐步认识到，在建设中必须保护城市的文化遗产，保持城市特色。重新研究"没有建筑师的建筑""没有城市设计师的城市设计"的思潮在继续推进。"创造具有地区特色的建筑，创造具有地区特色的城市"的呼声渐渐高起，良好的建筑设计不断出现。

[①] 马航：《中国传统村落的延续与演变——传统聚落规划的再思考》，载《城市规划学刊》2006年第1期，第102-107页。

"全球化进程中，在学习吸取先进的科学技术、创造全球优秀文化的同时，对地域文化要有一种文化自觉的意识、文化自尊的态度、文化自强的精神。"

——吴良镛

全球化下人们对地域特色和乡土建筑的现代化的重视程度逐渐提高。1995年，日本东京的一个展览会——"根"，意在寻根（指寻找亚洲建筑的根）——"文化的根、传统的根、多样的根"。这个展览会的成功，说明保护、发展传统文化的意识在不断提高，"天""地""人"等构成世界的基本要素均会作用于建筑，这个观点得到重新认识。1996年和1997年，新加坡和北京先后召开了"现代化发展中的地区建筑学"（Modernizing Vernacular Architecture, Contemporary Vernacular）研讨会，继续以不同方式发掘建筑地区性，如从地方的气候特征出发寻找地区的建筑文化，从地方传统文化中寻找失去的建筑文化；在保护建筑与环境关系意识的前提下，尊重并分析、运用当代的科学、文化、艺术成果，创造新的地区建筑学；等等。可见，在全球化下，受到世界不同地区的文化智慧、价值观念的影响，一方面要结合本国、本地区的实际情况，将不同的文化加以整合并充分利用；另一方面要从其他文化寻找新的理念，为人类寻找一个美好的未来[①]。

美好幸福生活是人类发展史共同的价值观，人类不断探索美好人居环境，"人类社会美美与共"是人类社会的共同目标。美好的人居环境，既包括自然生态环境，也包括人文社会环境。幸福生活是人民群众普遍而永恒的追求，是中国共产党矢志不渝的奋斗目标。美好环境与幸福生活共同缔造，是促进人与自然和谐相处、人与人和谐相处，构建共建共治共享的社会治理格局的重要工作载体。当前，在城乡人居环境建设和整治中开展"美好环境与幸福生活共同缔造"活动，"共同缔造"既是目的，也是手段；既是认识论，也是方法论。

四、乡村设计与历史文脉

乡村设计与历史文脉之间存在着深刻的关系，这种关系不仅体现在建筑风格和空间布局上，也体现在文化传承、生态保护和社区发展等多个方面。历史文脉是指某一地区在历史长河中形成的文化精髓及历史渊源，也就是文化的历史脉络。因此，乡村历史文脉是关于乡村发展的脉络，在乡村设计中，它体现在建筑风格、空间布局、传统习俗、语言、手工艺等方面，这些元素共同构成了一个地方的文化身份。

乡村设计中的历史文脉，其一体现在建筑风格上。乡村设计往往应遵循当地的建筑特色和材料使用惯例，反映出地域文化。例如，南方的青瓦白墙与北方的黄土房屋，在设计上都保留了各自的历史传统。其二体现在空间布局上。传统乡村通常具有特定的空间布局，如院落式住宅、集市中心等，这些布局不仅满足了生活需要，还承

---

① 吴良镛：《乡土建筑的现代化，现代建筑的地区化——在中国新建筑的探索道路上》，载《华中建筑》1998年第1期，第9–12页。

载着历史记忆和社会关系。设计时应考虑这些传统布局,以保持历史沿袭。

历史文脉在乡村设计中的重要性包括:①文化认同,通过尊重和融入历史文脉,乡村设计能够增强居民的文化认同感和归属感,使他们更愿意参与到社区建设中。②可持续发展,结合历史文脉的乡村设计可以促进可持续发展,既保护了自然环境,又维护了地方特色,避免了盲目现代化带来的文化同质化。③生态智慧的传承,许多传统的乡村设计蕴含着丰富的生态智慧,如利用自然通风、雨水收集等,这些智慧在现代设计中依然具有重要的借鉴意义。

在乡村设计中对历史文脉的理解和传承是一个开放、互动和动态的营建过程。共同缔造不仅能够更好地保护和传承地方文化,还能够促进社区发展的可持续性和活力。共同缔造让当地村民分享自己的历史故事、习俗和传统,从而确保文化元素在改造中得到尊重和保留。共同缔造可以让居民参与到设计和决策中,增强了他们对乡村的认同感和归属感。这种认同感促进了村民对历史文脉的尊重与延续,使得社区成员愿意主动维护和传承本土文化。在改造过程中,共同缔造有助于发挥村民主动性,增强村民对改造项目的认同感和归属感。这种参与建设的路径能有效提升社区的凝聚力,促进邻里关系的改善。通过村民自发参与,有效整合当地资源,减少外部干预带来的负面影响,更有助于保护生态环境,实现经济、社会和文化的可持续发展。

历史文脉不是静止的,它随着时间和社会的发展而不断演变。通过共同缔造,设计过程可以根据当地的实际变化进行调整,确保对传统文化的传承既能保持其核心价值,又能适应现代生活的需求。当地村民积累了丰富的地方知识,这是历史文脉的重要组成部分,在设计过程中,他们的经验和见解能够帮助设计团队更深入地理解地方特色,从而更好地将地方特色融入设计中。

第二章

以塘房村为例的中国传统村落保护与发展教学实践

本章内容

本章以"传统村落与共同缔造,农房现代化改造"为教学主题,旨在培养本科生及研究生成为新时代复合型规划人才,为传统村落的现代化改造与可持续发展贡献力量。课程通过理论与实践结合,帮助学生深化对传统村落的理解,提升其调研、沟通、设计能力,课程强调地域特色与文化元素的融入。案例中的塘房村拥有丰富的历史文化和自然风光,但面临传统建筑保护需求与现代化之间的冲突和挑战。课程要求学生紧扣传统村落保护和发展,坚持村民主体原则,共同制定改造策略,塑造具有地方特征的公共场所,并进行驻村实践。教学过程包括田野调研、摸查户情和建筑、聚落推演,以及调查水系发展。通过这一系列步骤,师生将为塘房村制定出一套综合的发展改造策略。

第一节　课程目的与教学

一、课程主题

本课程的设计主题是"传统村落与共同缔造，农房现代化改造"。课程通过理论与实践的紧密结合，旨在培养新时代复合型规划人才，为传统村落的现代化改造与可持续发展贡献智慧和力量。

通过传统村落改造的学习与实践，本课程旨在帮助学生深化对传统村落文化价值、历史意义及现代化改造必要性的理解，掌握相关理论框架；提升田野调查能力，掌握调研方法与技巧；强化沟通技巧与应变能力，以应对多方协作中的挑战；了解基础施工原理，提升设计可行性；并帮助其积累本地知识，为改造设计注入地域特色与文化元素。

本课程目的在于通过考察和分析，使学生领悟传统村落的历史、文化、生态、社会、经济等综合价值，为该传统村落的保护和未来发展制定一系列发展和改造策略。以村民为主体，以农房现代化改造为切入点，通过对不同农房日常生活空间进行设计和改造的驻村实践，可以帮助师生深入理解乡村，实现推动文化保护和传承、强化地方文化、推动经济发展等目标。

二、案例地介绍

塘房村地处横断山系怒山山脉的南延部分，系滇西纵谷区，地势中间高、四周低，并由东北向西南逐渐倾斜。常年盛行北风、东北风，因山体阻隔，村落不受风向影响。其地形山高谷深，东西向延伸，南北向狭窄，海拔在1999～2400米。土壤疏松、肥沃、性质偏酸，有机质含量丰富。村域内物产丰富，风光绮丽；周边群山谷深壁立，南北隔断如天堑，涧中水流湍急。

历史上，作为茶马古道重镇的鲁史镇，由于缺水，许多客商只好选择与鲁史镇邻近的塘房村作为食宿点，一来这里民风淳朴，二来这里有水可喂马，清澈的山泉源自村背后的悬崖峭壁，非常干净。作为茶马古道的要道，一条蛇形古道串联了整个村落的交通，村内其他道路呈"鱼骨"形分布，全村38户人家依次建在古道两旁，村落呈带状布局，整个村落的道路结构为"一线多支"。

随着社会经济的发展、人民生活水平的提高，隶属于沿河村（行政村）的塘房村（自然村）出现了一些运用现代装饰材料进行改良的传统建筑，传统的石头房建筑在逐渐被更新、风化甚至破坏，如不及时采取措施，这些历史遗迹将有损失殆尽的可能，那一幅幅古村落风貌图景或将只能留存于人们的记忆当中。怎样对塘房古村落进行保护，怎样对传统建筑及道路进行修复和整治，怎样让古村落在保护、改造的基础上得到相应的开发和利用,怎样使塘房在受到更好保护的前提下,实现其可持续发展,已成为迫在眉睫的需要解决的问题。

第二节 课程要求

(1)紧扣"传统村落保护和发展",为塘房村保护与发展规划制定总体目标和发展愿景。传统村落的保护即保护传统村落风貌,整治历史环境,改善居住环境,挖掘文化内涵;发展即动态性保护,采取向前发展面向的保护措施,用更新的眼光发展地区产业,用合适的方法进行风貌整治,合理地进行产业和功能布局分区,开展长期的、分阶段的、循序渐进的规划。

(2)坚持"村民主体,共同缔造"原则,由多元主体共同制定一系列改造策略。从改造选址、规划设计到建设实施全流程共同参与,确立及实施既符合国家保护要求,又符合村民现代化生活需求的空间方案。

(3)结合周边的自然、人文、历史及经济环境,塑造体现塘房地方特征和村落历史民族风情的公共空调,发掘并表现场地深层次的历史文化因素和社区包容精神。

(4)拓展区域研究,面向未来,以点带线,打造核心区域,推进文旅路线联动。

(5)驻村实践,包括内业和外业内容,完成入户调研、口述史整理、历史梳理、设计和实践等具体内容。

(6)运用共同缔造"五共"的工作方法,即决策共谋、发展共建、建设共管、效果共评、成果共享。

(7)学习力、思想力、行动力三者相乘,便形成创造力。即学生需通过学习力掌握核心知识,运用思想力提出创新方案,借助行动力将设计付诸实践。这"三力"的结合激发创造力,使学生能在保护传统中融入现代元素,推动村落的可持续发展。

第三节 课程时间安排

课程时间主要分为以下三个阶段。
1)课程简介阶段,共1周。
学习设计任务书、分析设计条件、准备设计资料。
2)驻村实践阶段,共8周。
3)调研及草图设计阶段,共2周。
课程团队深入传统村落驻点,通过细致入微的调研工作,全面了解村落的实际情况与发展需求。学生与村民面对面交流,倾听村民的需求与期望;与地方政府紧密合作,了解政策导向与获取政策支持;同时,与课程老师、专家学者进行讨论,汲取专业意见与建议。在充分沟通的基础上，课程团队逐步形成对传统村落保护与发展的初步认识，并据此制订既符合实际又富有前瞻性的初步改造方案。

进行现场调研，完成对村落的整体认知。通过入户访谈、口述史记录和现场沟通交流，选定改造对象和完成第一次方案草图，即根据调研情况进行问题梳理及理念生成，手绘方案草图。内容包括简要构思说明、构思分析图、改造设计概念图（总平面图和立面图）等，需注明比例尺、指北针等。在第一次方案草图的基础上改进、深化方案。深入总体空间形态设计，与村民深入讨论，绘制完成第二次方案草图，确定实施方案。最后，教师评图，与学生分析讨论，确定发展方案。

4）建设施工与深化设计阶段，共4周。

设计团队驻扎施工现场，与乡村工匠紧密协作。在施工现场，师生随时与工匠讨论，及时调整设计方案。学生在图纸上手绘草图，标注尺寸；工匠则用砖块等临时摆出轮廓确认可行性。方案微调后，施工组随即按新图纸分段实施。最后形成正式方案图纸。整个过程将课堂搬到现场，在动态实践中学习方案优化与多方协调。

绘制乡村设计相关图纸（乡村规划山水格局、农房改造平面、立面、剖面图等）。图纸以电脑绘制，4张A1版面图纸，应包含以下内容：简要设计说明及技术指标（可用设计导则形式）；区位图、现状图、设计总图（总平面、主要立面）；分析图若干（功能布局、交通与停车、绿化与景观体系、开放空间与步行体系、其他专项分析图）；表现图若干（总体鸟瞰图、重要空间节点透视图、其他能说明设计意图如景观节点和建筑改造设计意向等）。

第四节　教学过程全记录

一、多次深入调研，获取基础资料

自2021年初入塘房，一年的时间里，本团队六入塘房，对塘房村的认知从浅显的了解到对村内一草一木、一家一户如数家珍。团队在田野调查、实地考察中，通过采集问卷、半结构化访谈等方法，得到一手的基础资料。整个调研过程可分为以下三个阶段，分别采用不同的工作方法（见图2-1）。

1. 调研前期准备阶段

（1）确定调查目的：挑选具有特色和具有代表性的样地，即有较高的历史、科学、艺术及社会价值的样地。熟悉基本情况，包括村内的民族成分、人口、历史、地理、特产等方面的情况；小区域内的邻近村至小片流域的基本情况。根据情况提出假设，例如样地是否具有竞争性、能否形成竞争度、在小流域中能否成为竞争核心等。

（2）梳理调查对象的抽样逻辑：定性研究的抽样需要在共性与个性间寻找平衡，调查对象的选取需要平衡代表性和典型性。遵循抽样逻辑，即全面性（信息饱和）

第二章　以塘房村为例的中国传统村落保护与发展教学实践

图2-1　调研活动时间轴

原则、精确性原则、理想受访者原则，在村内挑选调查对象。

重点选取有经验者、有见识者，同时应满足调查视角多样性。即选取村内有威望的贤人能士，如选取塘房生产小组的小组长、沿河村村支书、村民等为重点访谈对象。

（3）研究设计需考虑的因素：厘清研究主题涉及的核心概念、理念，设计研究变量后初步搭建研究框架，围绕选定的研究理论，探索研究课题的创新点，进行资料收集和调研样本抽样，最后对研究的样本结果进行信度与效度评估（见图2-2）。

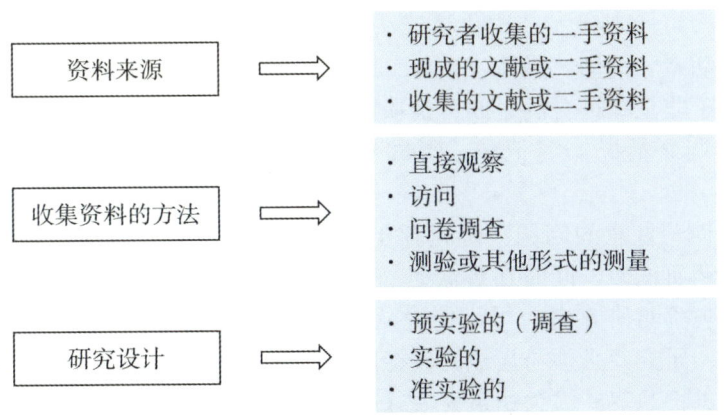

图2-2　课程设计逻辑

（4）根据研究框架，基于塘房村的情况，围绕可持续发展战略框架，针对性制定村庄可持续发展目标（sustainable development goals，SDGs），制定出有效能收集户情信息、建筑类型等信息的调查问卷（见图2-3）。

图 2-3 调研访谈问卷

2. 现场调研阶段

（1）基于实际情况选择和调整调研方法。开展调研的主要方法有：观察法、非参与性观察与参与性观察、结构化访谈法、非结构化访谈法等。根据观察时候的场景、空间、行动者、活动、客体、事件、时间、目标、情感选择合适的观察场所和观察对象。当处于非正式场合的时候，访谈的提纲应减少结构化的问题，使用更加口语化的措辞。对调研情况实时记录，形成田野笔记。可采用速记法、图像法等记录手稿。

（2）调研时应注意的问题：研究者在调研时需要打破观察时的假设，结合实际情况及时调整调研框架。同时在观察时应避免陷入"当地人"陷阱，具体来说就是在进行参与性观察时研究者应尽可能地从当地人或局内人的内部视角来看问题。但是，与此同时，研究者必须与当地人保持距离，作为一个"职业陌生人"，从外部的视角来系统地进行观察。因为如果失去这种批判性和鉴别性的外部视角，无条件地接受局内人的视角和观点，就会使自己"变成了当地人"，这样就失去了陌生人的观察敏感性和客观性，失去了自我反省的能力。所以我们要采用距离的辩证法：既要消除距离，又要保持距离；既要入其中，又要出其外。

3. 整理调研结果阶段

根据调研情况，分三步整理调研结果：数字化处理、编号和填表。统一其内容条目，需要列出资料的条目包括历史文化资料、地域规划条件、党政条件和基层组织等方面。数字化处理是将调研得到的基础资料整理成图表及报告，文字部分整理为 Word 文档，数字部分整理为 Excel 文档，图像照片统一为压缩图档的 JPG 格式或普通位图 BMP 格式；影音文件则统一为常见的 DAT 或 MPEG 的格式。测绘图扫描为 JPG 格式或通过 AutoCAD 软件绘制录入为 DWG 文件。编号步骤是将资料分门别类划分文件夹，对各个类型的条目进行命名和编号。填表步骤是将整理好编号的资料统一核实后，存入相关的云平台或本地数据库，方便以后查阅和调用。还可以搭建云平台系统并设计查询，由此连点成线、推广成面，能够将更多的传统村落信息形成案例库，供更多人查阅和学习，打造更具针对性的特色乡村规划。

梳理调研资料，根据当地条件形成规划愿景。在调研阶段已经摸清塘房村的地理位置、地形地貌、社会经济条件（基本支柱产业、主导产业、优势产业等）、气候条件、动植物资源、产业发展现状、交通现状、基础设施概况。根据资料结果可以初步形成塘房村的规划愿景，即以"保护与发展相平衡为重点，有效保护沿河村塘房组传统村落的历史风貌和文化特色，并使其得以延续、发扬，同时改善村落环境，使之适应现代生活的物质和精神需求，促进传统村落的协调持续发展"。

二、摸查户情和建筑，推演聚落演变过程

1. 基础信息调查

根据入户调研问卷进行实地调研，对农户进行结构化访谈和问卷调查。为了更好地进行摸查，逐一入户访谈，在驻村过程中与村民同吃同住，了解村民关系、经济情况等。每次入户调研分为不同的小组，分区分户进行调研。同时，在调研过程中注意入乡随俗，尊重当地社交礼仪和禁忌。注意个人形象和言行举止，适当运用访谈技巧，引导访谈有序地展开、有效地验证假设和推导结果，避免发生争执。

调研内容主要基于问卷框架，并根据访谈信息进行引导和调整，通过提出问题、收集信息、引导访谈完成。入户调研后进行资料分析，结合可考证的相关文稿资料（族谱、重点人物口述史资料等）总结结果，得出塘房村的基本户情记录。

按照调研流程，及时整理调研手稿并进行数据录入、编号和填充，形成调研报告。调研报告不是流水账式地描写调研情况或机械式地整理信息，编者应该根据调研情况总结问题、进行反思并基于研究内容提出新的假设。不同的调研组可以从不同方向进行调研报告的编写。

信息记录分为户口组成（人口构成、经济来源、劳动力情况等）、建筑情况（建筑面积、建筑户型、维修翻新情况等）、基础设施情况（水电、网络、卫生条件等）、经济来源（资产构成、收入类型及构成等）、医疗卫生情况（就诊地点、频率、费用等）。

2. 建筑摸底

(1) 利用建筑普查法形成初步印象。对整个空间进行规划分区。首先，将村落空间大致分为 A、B、C、D 四个分区。对区域内的每栋建筑进行编号排序，并对建筑的内外部空间、建筑细节等进行详细的拍照记录，以求能够一一对应。通过图像和影片记录，并绘制每户对应的建筑草图（见图 2-4、图 2-5）。另外，将建筑信息整理成表格，进行建筑质量分类、建筑高度统计、建筑结构分类、屋顶形式统计。建筑风貌可分为：传统民居建筑、风貌不协调建筑。建筑质量分类可分为：质量较好、质量一般、质量较差、危楼。这些信息有助于在实地调研中对塘房石板房形成初步印象，初步了解塘房的建筑情况。

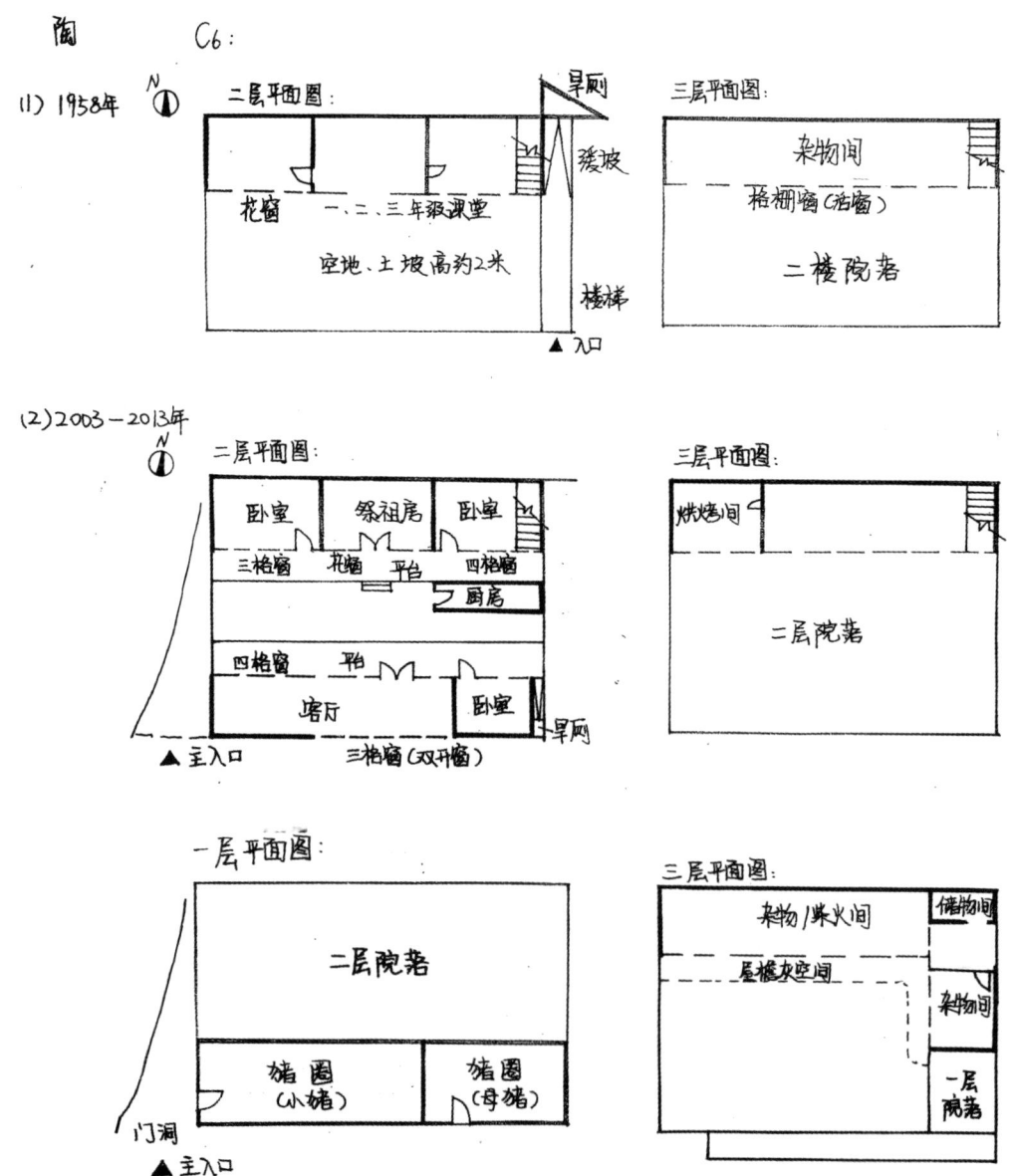

图 2-4　陶荣虎家建筑演变记录

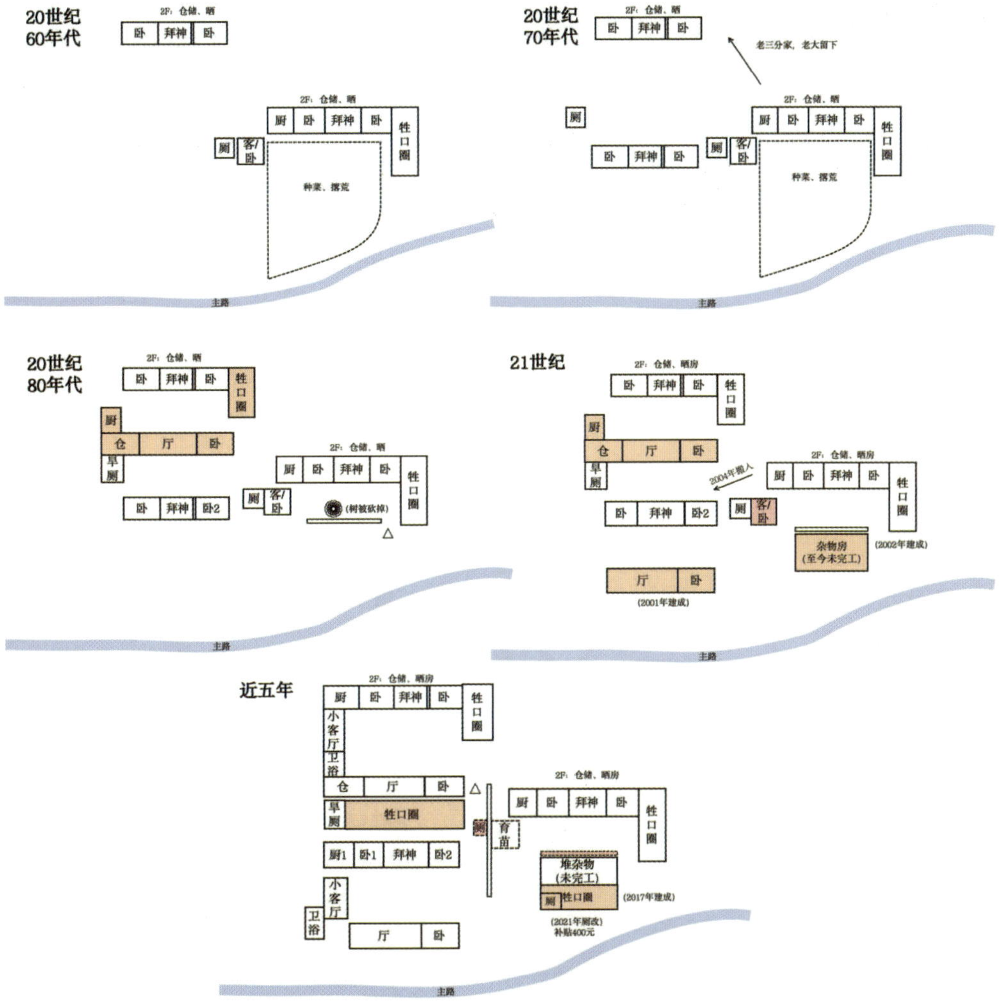

图2-5 村落演变记录

（2）询问农户建筑基本情况。教学中师生基于户情记录信息进行填表，将每户的信息落到实际空间中，整理出户情信息图（见图2-6、图2-7）。通过梳理族谱，摸查血缘族系，推断村落演变过程。

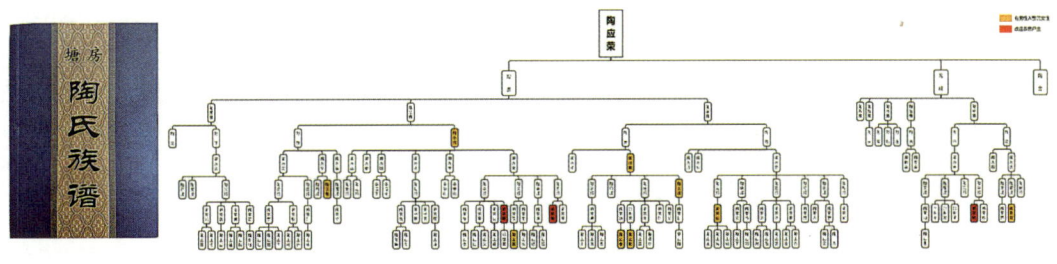

图2-6 塘房村血缘族系

图 2-7 户情信息图

（3）推演聚落发展演变。梳理每户建筑的建筑历史，掌握建成时间、建筑变化的重要时间节点以及变化的原因，梳理出建筑发展历史轴线。基于建筑演变的历史轴线，推演自然环境、民俗文化、气候等地域要素对建筑的影响，得出聚落发展的时空演变过程（见图 2-8）。

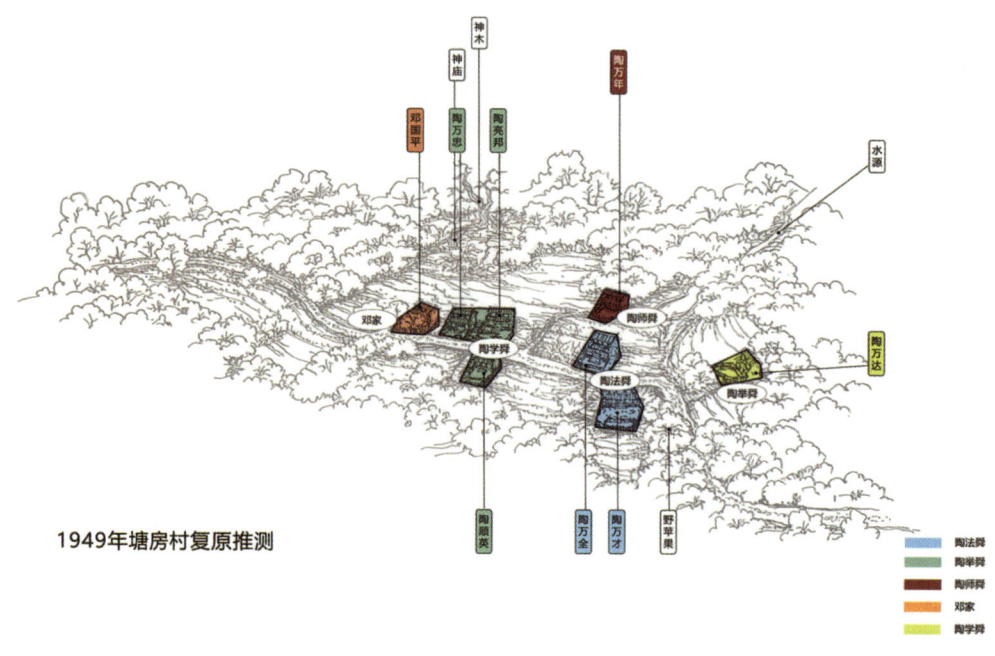

第二章 以塘房村为例的中国传统村落保护与发展教学实践

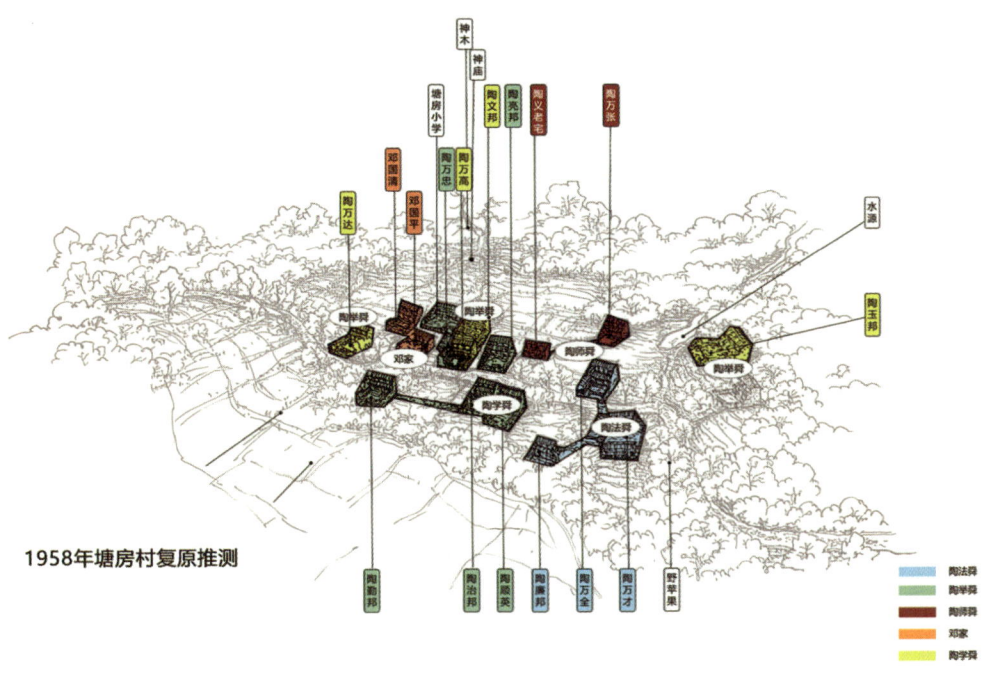

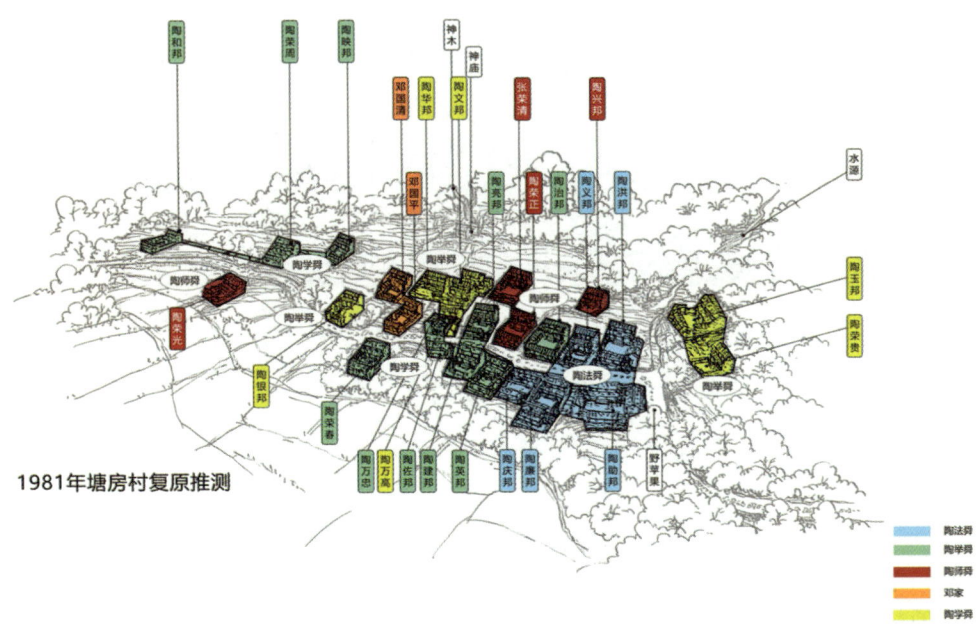

图2-8 村庄空间格局演变

三、调查水系发展，助力基础建设

1. 村内水系排查

通过拍照定点、放样记录水源位置，记录村庄主要水源点，分为东南方和南方水源点（见图2-9）。排查村内水管排布水系，检查每户建筑内部的入水口和排水口，询问每户的排水、储水和用水的方法。

给水工程现状：塘房现有给水管网主要为枝状且管径较小，不能满足规划区发展尤其是消防的要求。

排水工程现状：塘房古村落内铺设有部分排水明渠（暗沟），断面小，为合流制，杂乱未形成系统。由于人们的环境保护意识差，污水肆意排放，雨、污合流直接排入自然水体，造成环境污染。排水沟渠过水断面较小，不能满足排水过流要求，排水系统缺乏规划。采用沟渠排放易淤积、阻塞等，致使排水不畅。部分道路无排水系统，雨水、污水沿路乱流，雨季容易造成道路泥泞，旱季脏乱突出，尤其是明渠，杂物易进入渠内，再加上管理不完善，造成沟渠断面减小或消失。基础设施建设已严重滞后。

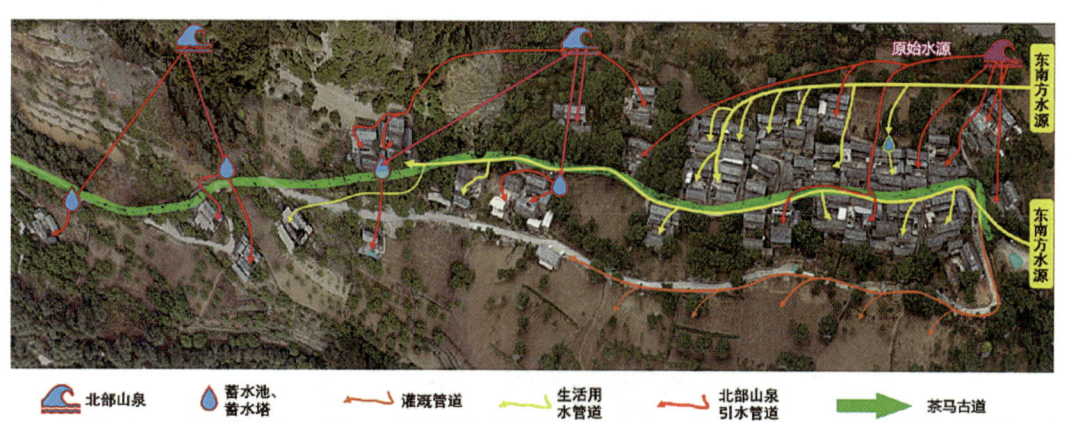

图2-9 塘房村给水和排水系统布局

2. 周边村调查水系

通过实地调研小流域内的蔑巴桥村、西元小组、金马村等周边村，对比了各个村的区位和地形条件（坡度、朝向、坡高）、地形、聚落区位、取水方法、聚落形式与塘房村的相同与不同之处，以此推演和总结出蒿坝地作为主要的水源地。

3. 整理基础水网规划

根据调查结果规划制定主要供水点和水源地，划定相关供水线路，确定相应的供水设施和供水手段。

第三章

塘房村保护与发展规划

本章内容

本章概述了塘房村保护与发展规划的过程及成果。寻根溯源再探寻聚落演变，整体可分为四个时期：从1949年前的独栋非合院时期，到农业合作社时期，再到改革开放时期，直至2000年后现代化设施的普及。同时，总结塘房村的农房风貌特点，以木石结构为主，体现了依山就势的围合院落特征。围绕当前塘房村面临人口老龄化、产业发展有限、基础设施仍有待提升等问题，针对其保存完好的传统建筑风貌、农耕畜牧的生活方式和发展康养旅游及写生采风等旅游产业的潜力，团队将保护与发展规划聚焦，推广鲁史—塘房—金马茶马文化及农文旅全域旅游品牌，推进小流域规划治理，以及基于茶马古道段村落全范围提升，旨在实现文化遗产的保护与传承，同时促进乡村经济的可持续发展。

第一节 塘房村发展历史和村民需求

一、塘房陶氏迁徙史

根据《陶氏族谱》记载与村民口述史研究,塘房陶氏起源于景东傣族陶姓土司。明初,洪武皇帝赐俄陶以陶姓并命其世代袭景东土司之职,而在明朝之前,陶氏已然发迹300余年。

北宋元祐元年(1086年),开南等地傣族势力逐渐强大起来,攻占了南诏设立的银生节度所在地银生城(今景东县城)。开南傣族占领景东全境之后,掌握了地方政治、经济和文化大权。南宋宝祐元年(1253年),元帝国大军在忽必烈的率领下进军云南。元朝至顺元年(1330年),朝廷即升开南州为"景东军民府",封阿只弄为知府。

明朝初年,明将傅友德、沐英进军云南,俄陶审时度势,"率士卒先归"。陶氏土司从俄陶起,沿袭21代25任知府(阿只弄—罕旺—俄陶—陶干—陶等—陶赞—陶洪—陶启—陶龙—陶金—陶淞—陶明卿—陶玺—陶尔鉴—陶次—陶秉鉴—陶楚—陶淳—陶士云—陶应昌—陶熊—陶良—陶得增—陶琨—陶珍),直到清朝同治元年(1862年)知府陶珍死于杜文秀起义才灭亡。算上俄陶前的阿只弄、罕旺两代,陶氏土司共统治景东580余年。

清代咸丰六年至同治十一年(1856—1872),滇西南暴发大规模农民暴动,老百姓称之为"红白旗之乱"。还有咸丰七年(1857年)杜文秀领导的滇西回民暴动,咸丰六年(1856年)李文学领导的哀牢山彝民暴动,咸丰三年(1853年)田政领导的哀牢山区哈尼族农民暴动。暴民蓄全发,易衣冠,举白色旗帜,号称"白旗";清军称"红旗"。景东是各路暴民武装与清朝官军争夺的战略要地,几次拉锯式的战斗殃及傣族,许多傣族山寨被暴民掠夺焚毁,景东盆地的傣族也被这些暴民武装所殃及。山上的倮倮人和哈尼人久受坝区傣族土司压迫盘剥,更把怒火喷向统治景东500多年的傣族陶氏知府,焚烧了陶氏府第(目前公开信息尚未明确记载傣族陶氏土司的家族墓地的发现年份)。

滇西持续近16年的"红白旗乱",导致景东傣族到处逃难。塘房陶氏宗祖母黄氏,在兵荒马乱的年月,携三子陶贵、陶瑞、陶金潜逃至凤庆县光音乡山岗而居,天当被盖地作床,千险万苦渡难关,后迁徙至今凤庆县鲁史镇沿河村委会塘房小组定居。

150年来,从最初的兄弟3户到如今的30多户,塘房村封闭而缓慢地发展着,形成了传统村落发展的韵律。

二、塘房村聚落演变

塘房村因建于背山处而没有风势侵扰,最早的聚居点靠近两个水源,由村口向西侧逐渐发展，由此村口的野苹果树也随着村民的分户而嫁接到各家门前，自然树种的根系与村民传承的根系实现了融合，有着天人合一的传统智慧。塘房村中轴线北侧靠山处有棵"神树"，神树前建有神庙，神树、神庙、学校在一条轴线上，村落在轴线两侧展开，构成了塘房的独特空间秩序。

塘房村聚落格局的演变，主要可分成以下四个时期（见图3-1）。

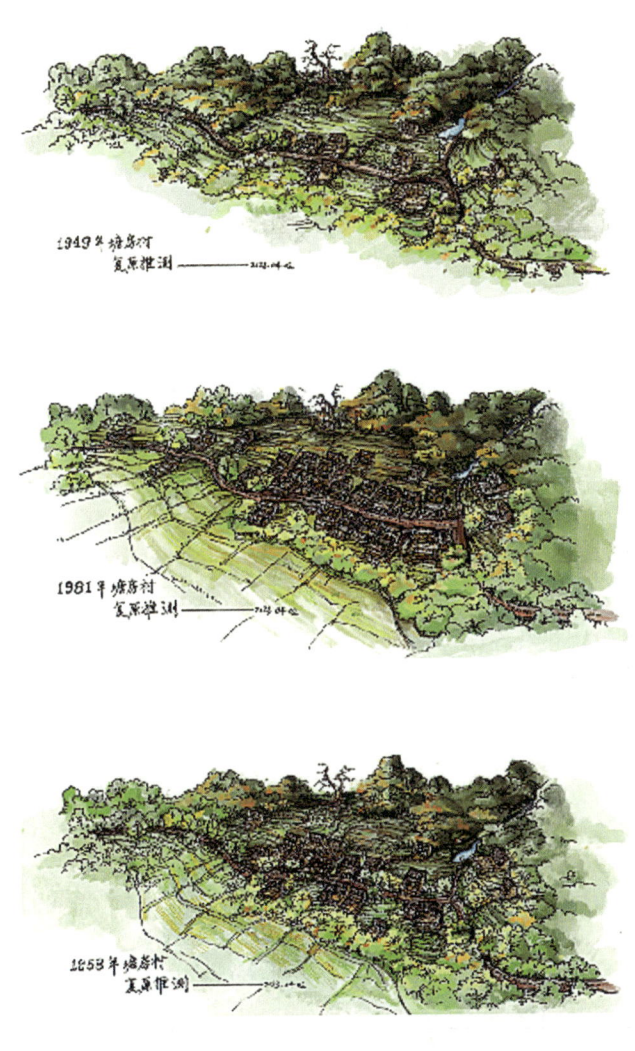

图3-1 塘房村聚落演变

第一个阶段是 1949 年前的独栋非合院时期，农房居住与厨卫功能复合，与房子相对的是家畜养殖区域。此时的村民户数才 8 户左右，尚难以称为一个村落，更多体现为村民聚居点。

第二个阶段是 1958 年左右的农业合作社时期，此时户数达到 20 户左右，整体村落空间结构基本形成。在以农业合作社为代表的国家力量的帮助下，农房功能逐渐分化；村民开始自发对房前屋后进行美化，各家各户在门前种植核桃树，颇具朴素的规划设计思想。

第三个阶段是 1980 年前后的改革开放时期，国务院发布《村镇建房用地管理条例》，对特定城镇居民取得宅基地的合法性作出了规定，形成新一轮建房热潮，最终达到 30 多户人家；聚落格局逐步定型。然而，由于区位、土地等生产资源的限制，分产到户对村民经济收入的提高有限，且此时生态承载力逐步达到上限，水源供给存在不足，因此神树枯死；村民随之开辟了新的水源。可以认为，此时的村落发展仍然是村民与自然和谐相处、博弈的结果，在建房过程中村民采取了互相协作的方式，通过帮工管饭、付工钱的形式集体劳作，同时综合考虑工艺以及材料的便捷性、经济性，使"石板房"大范围普及，最终形成了"建在石头上的村落"。

第四个阶段是 2000 年后，由于国家扶贫力量的加入，新的建筑风貌开始出现，现代化设施逐渐普及，这使聚落功能与风貌呈现多元混杂的特性，例如现代化的浴室、卫生间与传统的厨房、卧室等开始出现。2012 年，塘房获评"中国传统村落"，这虽让塘房获取的资源明显增加；但一些规划对"传统"的不恰当甚至片面化理解，不但导致了石板房风貌的趋同，还出现了千篇一律刷白墙、做吊顶等不当之举。

可见，塘房村在清末至民国为建筑格局定型期，新中国成立至土地改革期间为建筑技术交融期，20 世纪 80 年代改革开放时期为建房高峰和营造技艺增进期，2000 年后为建筑细节增进、合院格局逐渐完善期。

三、农房风貌演变

根据建筑风貌现状，总结建筑风貌特点。塘房村的民居建筑以木、石结合为主，墙体为石块墙、屋顶材料为青石板，俗称石板房。石板房建筑一般由正房、楼子、耳房及牲畜房构成，建筑依山就势围合成院，院落朝向根据每户院落位置、地形地貌及当地风水师傅建议灵活确定。

院落演进阶段与聚落演变相一致，可以划分为以下三个阶段（见图 3-2）。

院落演进与现状

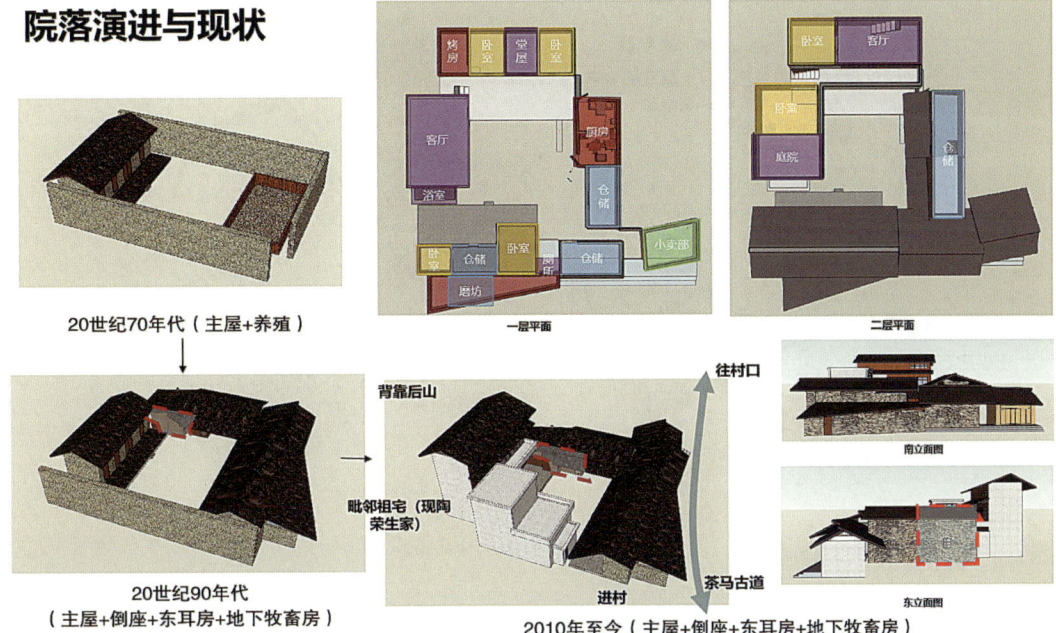

图 3-2　塘房村院落演变图

第一个阶段是20世纪70年代，主要通过正房和楼子的位置一前一后来限定各家院落的建筑用地范围。正房为院落中的主要建筑，位于院落中地势较高的一侧。主屋一般为三开间，一层中间为堂屋，堂屋两侧房间为卧室；二层为一通间，因为通风好，主要用于堆放粮食杂物。仍有余力的人家会在正房对面，即位于院落中地势较低一侧加建楼子，楼子房屋一般布置三个开间与正房相对应，建筑层数为一至两层，底层结合地形情况布置，层高则随地形高低灵活调整。楼子底层功能主要为大牲畜房，二层则布置客厅，两侧布置杂物间或卧室。

第二个阶段是20世纪80年代到90年代，主要增加了侧座和耳房。正房、楼子两侧耳房为辅助功能型房间，层数为一至二层，其布局较为灵活，可根据每户家庭的情况，布置厨房、杂物、牲畜、客房等功能房间，二层多为杂物间。

第三个阶段在2000年到2010年前后，随着居民对建筑功能需求增加，院落逐渐成为汉式四方合院制。同时，在原来的院落格局基础上对建筑进行加建或改建。例如，将一般为两层的正房加建为三层或增加阁楼复层，将一些功能房间挪至加建空间；又如，将正房一楼的卧室移至二楼，或对原来的空间进行翻修；再如，扩展耳房单空间的客厅功能，增加浴室功能。

随着建筑技术提升带来建筑材料的变更、地域和气候条件的变化等，塘房的建筑风貌演变主要分为以下四个阶段（见图3-3）。

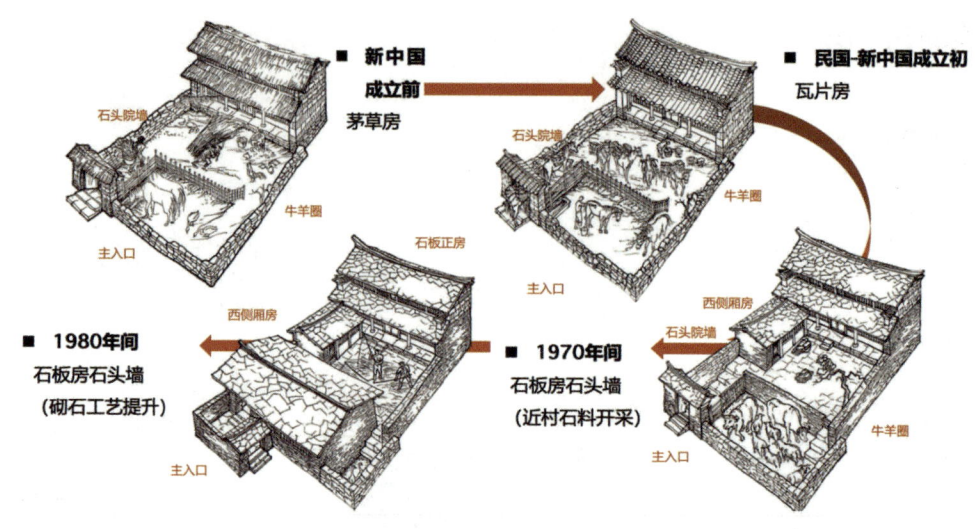

图3-3 塘房村建筑风貌演变图

第一个阶段是新中国成立前,此时塘房并未形成如今"石头村"的特征,受工艺技术的限制,建房多用茅草、土坯等材料。

第二个阶段是1950年到1960年间,发展经济时期带来了春风,国民经济恢复,工业水平大大提升。在建造影响因素上,传统的汉式泥瓦烧制和砌筑工艺传入村庄,同时顺宁茶马古道马帮来往频繁、商业贸易往来密切,瓦片等建筑材料较原先变得易于交易买卖。在文化影响因素方面,受到汉文化的影响,瓦片代表汉元素特征,瓦片房成为汉文化推崇潮流下的正统屋制。除此之外,瓦片当时不菲的价格,也使瓦片房成为权贵和财富的象征。由此村中开始大举兴建瓦片房。

第三个阶段是1970年,随着石场的开辟,石料开采范围扩大,建筑材料趋于多元化。只需要就地取材、不必高价购买的石料取代了昂贵的瓦片;而坚固的石头也比茅草土砖建成的房子更加牢固耐用,不透水和更散热的石材让房子冬暖夏凉,带来更舒适的居住体验。由此石板房形制成为建房的首选,村中的建筑如土坯房、瓦片房也逐步被改造为石板房。

第四个阶段是1980年,随着工匠工艺水平的提高,石板处理逐步精细化,石头房建设工艺相较于前一时期也更为成熟,集中体现在石墙的墙面处理更竖直平整、墙角转角部位更流畅顺滑等细节处。在建筑结构上也出现更多石头元素,例如用石头建设安全的承重墙、以精进的砌法砌筑更薄的景观院墙,以及石磨、石墙、石桥、石柱、石阶、石缸、石灶……整体建筑形成了统一和谐的与石共生的"石头村"风貌。

第二节 塘房村现状及存在问题

一、人口与经济收入情况

塘房自然村，隶属于临沧市凤庆县鲁史镇沿河行政村。地处云贵高原西部，海拔2400米左右，是一个高原上的传统古村落。塘房自然村由38户组成，其中30户常驻。在人口构成方面，户籍人口年龄基本维持金字塔结构，常住人口有老龄化趋势，劳动人口不足，且人口整体受教育程度未达平均值。

塘房村由于地理位置比较偏僻，与外界交互较少，所以保留了较为完好的传统建筑风貌，以及农耕畜牧的传统生活方式。村落地处较为陡峭的山地地区，由于地表坡度大和高差显著，地表水流失极快，土壤涵养水分的能力较低，种植业的发展受到了极大的制约。但尽管如此，村民还是在山林间开垦出了农田，种植的作物主要为玉米和蚕豆。部分村民种植有茶树，生产茶叶，但是由于产量较低，且茶叶品质不高，所以并不能带来较好的经济效益。此外，由于当地有一定面积的高山草甸，适合发展畜牧业，每家每户均蓄养了牛羊等牲畜，牛羊的售卖是家庭的主要经济来源之一。

外出务工是塘房村家庭的另一个主要收入来源。自十几年前，连接鲁史与沿河村几个自然村的公路修好之后，塘房村与外界的联系更加方便，大部分青壮年劳动力外出务工，务工的工资比在家务农或镇上务工的工资要高很多。他们的务工时间比较灵活，不会全年漂泊在外，而是根据家庭需要进行安排，到农忙时节会回家务农，等家里没什么事做了，就再次外出务工。此外，很多村民曾是建档立卡的贫困户或者特困户。

二、产业发展方向

受制于自然条件，村里基本没有平坦的建设用地，产业发展的选择很少。但是这也给村里带来了良好的旅游发展潜力。塘房自然村最为重要的资源就是一段完好的茶马古道，传统民居石板房分布在古道两边，村寨依山傍水，生态环境优良，自然景色优美。对外交通不便使得村落受外部现代因素较少，传统风貌和自然风光保存得相当完好，很适合发展康养旅游、写生采风等主题的旅游产业，但同时，这也让塘房的游客量天然受到制约，规模化发展旅游的可能性不大，综上我们认为发展小众精品旅游项目存在一定可行性。

三、基础设施方面

村里有两条进出的道路，均为村民自发铺设的石头路，这些石头路虽然简单，但可视为一种"硬化路",并且这两条石头路的尽头接入了硬化公路。电力供应和网络信号也已经实现全村覆盖,村里很多人家都有 Wi-Fi 信号。

塘房村的来水量受季节影响大,供水没有过滤设施和水质检测,缺乏安全保障;而污水则是简单地排往化粪池和农田,并没有污水集中收集设施。生活燃料方面,村里没有通天然气,所以每家每户都会储备干柴,用来烧火做饭和取暖,除此以外,基本使用太阳能热水器加热洗浴用水。

四、医疗卫生情况

塘房自然村里没有正规的医疗机构,村民常规的就诊地点为镇上的卫生所和县医院。但是,由于塘房村交通不是特别便利,就医路途遥远、耗时较长,而且村庄附近的山上或田地里种有藿香、薄荷、川芎等草药,这些自然资源促使了众多民间医疗方法的形成。村民们若不是重大疾病,就会用一些传统医疗方法治病。

第三节 塘房村保护与发展规划

2015 年以来,中央一号文件多次提出发展休闲农业与乡村旅游,要求培养其成为乡村经济的新支柱。[①] 乡村旅游为现代乡村发展带来新机遇,规划团队以乡村旅游为抓手充分挖掘乡村旅游资源优势,培育特色农文旅融合项目,推进休闲农业与乡村旅游协同发展。目前,乡村旅游形成了传统农耕文化展示、采摘垂钓和休闲农业体验、现代农业科技展示、民俗文化展示等多种形态,为游客提供了现代农业科技、传统农耕体验、民俗饮食文化等类型的旅游产品。推进休闲农业与乡村旅游融合发展是农业供给侧结构改革优化的重要举措,也是农业现代化发展的重要方向[②]。

自 2022 年以来,住房和城乡建设部会同财政部推动传统村落集中连片保护利用,为传统村落从单点到区域连片发展,充分调动区域优势资源指引了方向。

一、推广鲁史—塘房—金马茶马文化及农文旅全域旅游品牌

紧邻塘房小流域是旧路梁子—对门山小流域地形,分布有沿河行政村下的水槽自然村、上村、水源村、中山箐等村寨。区域内山林自然条件较好,仍保留着最古老的原始茶马古道;同时,各村寨零散分布在蜿蜒的步行道,面向大山谷地形风景,适合

---

① 《2024 年中央一号文件公布 提出推进乡村全面振兴"路线图"》,见 https://www.gov.cn/yaowen/liebiao/202402/content_6929930.htm。

② 许春华:《"乡愁经济"视角下休闲农业与乡村旅游协同发展研究》,载《农业经济》2020 年第 8 期,第 66-68 页。

徒步等康养活动。可作为鲁史—塘房农文旅发展的拓展项目。

乡村旅游利用乡村独特的人文风情和田园风光吸引城市人群游览，是发展乡愁经济的重要路径。茶马古道作为自古至今重要的贸易通道，在新时代焕发出蓬勃生机。目前，越来越多的游客在探寻茶马古道时，对新型茶旅文化体验模式产生了极大的需求和兴趣[①]。塘房作为云南茶马古道段上的村寨，内部曾设有烽火塘和接官亭等国家军事政治设施，塘房始迁祖迁徙选址和发展都离不开茶马古道的支撑，古道连接金马、鲁史两大驿站，推动了塘房和区域经济文化的融合发展。

现在，当地可以重新挖掘区域内的茶马文化驿站，形成传统农耕文化展示、采摘休闲农业体验、特色营建体验、现代农业科技展示、民俗文化展示等多种形态，打造农文旅一体的新型旅游发展品牌，为游客提供传统农耕体验、现代农业科技、民俗饮食文化等类型的旅游产品。

全域旅游是打破乡村产业发展界限，驱动农文旅资源有效互动、高效融合的重要理念。在全域旅游指引下，为激发农文旅协同发展活力，需要以农业产业为依托，以乡村文化为内核，推动乡村旅游与农业有机渗透、融合重组，再以资源集约化、项目复合化的方式，对农文旅资源进行合理配置，在延伸农业产业链的基础上，真正实现产业发展、文化传承与旅游开发的有机融合[②]。

鲁史—塘房—金马是依托茶马古道和共同山水资源形成的有机发展共同体系，通过塘房和周边村寨地理联系，形成山水和生计的发展共同体。历史上，茶马古道顺下线主要的线路有三条：①凤庆（顺宁）—鲁史—巍山—下关—丽江—中甸—西藏；②凤庆（顺宁）—鲁史—下关—昆明—省外；③大理—下关—巍山—鲁史—凤庆（顺宁）—镇康—耿马—缅甸。不论哪一条道，都得经过塘房，都得经过黑山门，所以，从某种意义上来说，塘房是滇西茶马古道上不能忽视的一个站点[③]。

茶马古道连接着区域内各个村落，从犀牛村始，经青龙桥，跨越澜沧江，至金马光明乡驿站。大量马队在金马村停驻，形成了金马村若干条店铺街和店铺街串联各民居组团的整体布局结构。从金马驿站出发，20 公里后到达塘房梁子，可短暂歇脚，因此塘房村民沿古道修建房屋，提供饮马、茶水和简单商业交易的服务。塘房继续北上翻越塘房梁子，20 公里后即到达鲁史古镇，衔接凤庆县城。明末著名人文地理学家徐霞客在云南的游线也曾踏足茶马古道鲁史段，途径犀牛、金马、塘房等多个重要节点，一路留下不少趣闻轶事。

近年，政府利用优秀的文旅资源打造茶马古道文旅线路，以全域旅游弥补乡村文化发展短板，促进城乡要素循环。依托茶马古道等文化资源，整合自然资源和乡村景点，可以打造具有地域特色的旅游产品。例如，通过在塘房村、石头地、蒿坝地、西园等地设置驿站、观景台和房车营地，将分散的资源链接成串，形成有吸引力的旅游

---

① 杨姹：《安化县茶旅一体化扶贫模式研究——以湖南城市学院安化驻村帮扶点为例》，载《现代农业研究》2022 年第 28 卷第 1 期，第 5 – 7 页。

② 肖鸿燚：《全域旅游下激发乡村农文旅协同活力的实现路径》，载《农业经济》2023 年第 9 期，第 137 – 139 页。

③ 许文舟：《古老的茶马古道和糖房村庄》，见 https://www.fjtea.cn/Culture/detail/id/14225.html。

线路。这样的规划不仅能够提升当地村民的就业机会和收入，还能促进文化遗产的保护和传承。

同时，乡村空间景观化的推进，如在茶马古道段进行的文旅资源整合，可以盘活农村土地资源，增加村民的资本性收益，实现村民的共同富裕。推动农房建设向规划发展村集中，实施宅基地"三权分置"改革，可以唤醒农村闲置土地、山林、农房等资源的潜在价值。通过合作社流转闲置土地，村民可以以闲置农房入股经营乡村旅游，从而实现资源的增值和收入的增加。

此外，乡村文旅规划还应注重吸引资本和劳动力回流，提高多产业供给水平，为乡村振兴提供可持续保障。利用乡村的生态本底资源和山水田园特色，吸引工商资本和人才回流，形成多主体参与、多业态打造的产业发展新格局。推动文旅休闲产业的发展，如乡村民宿、文创、电商、直播、团建等新模式，可以进一步推动对乡村资源的开发和利用。

二、推进塘房—鲁史小流域规划治理

鲁史与金马之间是完整的小流域地形，仙山河、花山河、水磨河、小黑河流经不同海拔（2000～2700米）和地形，自南向北汇聚在鲁史镇。片区内零散分布包括塘房村、石头地、蒿坝地、西园等多个村寨，整体呈现坐南朝北的自然山水格局。

从历史发展顺序考究，蒿坝地是发展最早的村寨，后因村落发展、人口增加，逐步分户迁移形成周边村寨。塘房与周边村寨存在姻亲关系等紧密的人文联系，其联系还体现在村寨石头房风貌的相似上。塘房建房的工匠和技艺通过村之间的帮工和师徒关系不断发展，整体风貌趋于一致。

从流域规划措施出发，规划着手从以下角度进行流域治理[①]。首先，进行现状调研与评估：深入蒿坝地—鲁史—金马小流域进行实地考察，评估现有自然生态、产业经济、社会人文状况，识别水污染等关键问题。基于流域主要供水点和水源地形成流域分区范围（见图3-4），分析当前流域地区雨量、水流量在年均5米/秒到极值20米/秒不同流速下形成径流的周期变化。基于分析数据，针对流域综合治水的难点痛点，提出以水质提升为核心目标，采取源头治污策略。在进行农村小流域综合治理时，规划师需采取一系列措施以确保水源水质得到有效治理和保护。首先，实施"治山保水"策略，采取封育保护、植被恢复和水土保持工程，减少水土流失，保护水源地。其次，推进"治河疏水"措施，通过河道整治、清淤疏浚和岸坡绿化，改善河流生态环境，提升水质。[②] 再次，统筹"治污洁水"行动，结合农村人居环境整治，加强生活污水和垃圾处理，推广畜禽粪污资源化利用，减少农业面源污染。同

---

① 李敏胜、杨思、李郇：《小流域综合治理和统筹发展规划思路与实践——以湖北省十堰市茅塔河小流域为例》，载《规划师》2024年第4期，第128-136页。
② 《水利部 农业农村部 国家林业和草原局 国家乡村振兴局关于加快推进生态清洁小流域建设的指导意见》，水保〔2023〕35号。

时，利用现代信息技术，如数字孪生流域建设，实现对水质和污染源的精准监控，提升预警和应急响应能力。在技术层面，推广应用多种农村污水处理技术，如新型化粪池、厌氧生物滤池、生物接触氧化池等，根据当地实际情况选择适宜的处理技术。并建立多参数水质监测系统，实现对水质的全面、实时、自动监测，确保农村饮水安全[①]。最后，加强组织领导和队伍建设，明确责任分工，加大资金投入，强化监督工作，提升科技支撑，确保治理措施的有效实施。这些综合性措施可以有效改善和提升农村小流域的水环境质量，实现可持续发展。

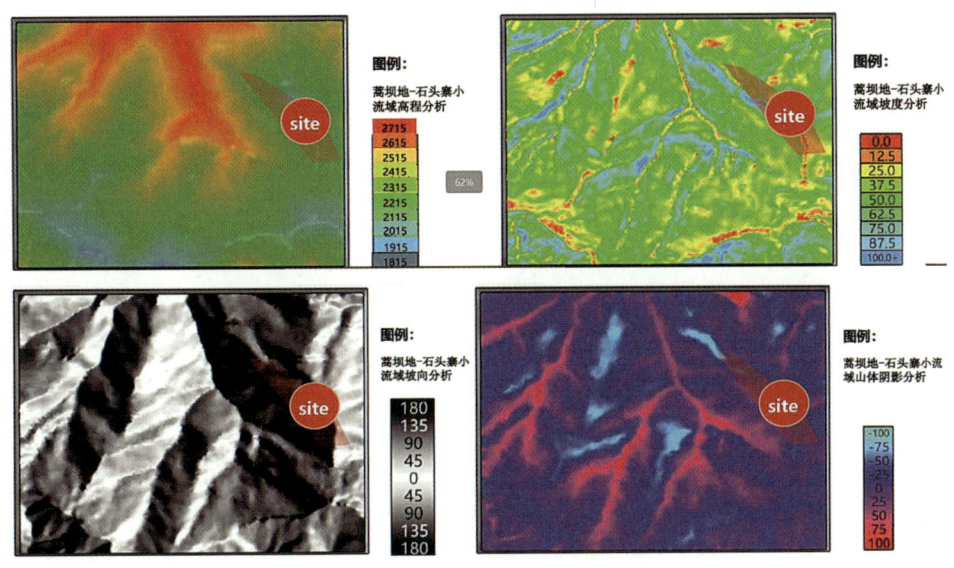

图3-4 塘房村流域分区范围

一是规划环流域供水线路及净水路线：实现集中供水分水到户、家家户户都能喝上干净水的目标和成效。

二是共同愿景构建：与社区成员、政府部门及其他利益相关者沟通，形成共同的发展愿景，确保规划方向获得广泛认同。

三是空间布局规划：优化小流域内自然资源、生态布局和产业布局，确保空间利用合理，促进有序发展。塘房村、石头地、蒿坝地、西园依托各个村落空间特点、各方面资源状况择优发展。优化自然资源利用，依托各村落的自然资源，如地形地貌、水资源等，进行合理规划。例如，石头地可利用其丰富的石材资源发展特色建筑和工艺品产业；塘房村可围绕其水域资源发展生态旅游，从而科学规划产业布局。根据各村落的传统产业和潜在优势，规划相应的产业集群。蒿坝地可依托其农业基础，发展特色农产品加工和乡村休闲旅游；西园村则可发挥其园艺优势，打造花卉种植和园艺培训基地从而保护与修复生态。在生态布局优化方面，通过对各村进行生态性探索、保护水源地、实施生态修复工程、建设生态廊道等措施，增强生物多样性和提升生态

---

① 《关于印发〈农业面源污染治理与监督指导实施方案（试行）〉的通知》，环办土壤〔2021〕8号。

系统服务功能。在产业布局方面，传承与保护各村历史文化，尊重和保护各村落的历史文化资源，发挥石头房特色、发扬村落的特色传统习俗等，将这些元素融入规划中，增强乡村的文化特色和吸引力。

四是支撑体系建设：从源头出发，加强生态环境保护、道路交通规划、公共服务与市政设施建设，以及产业发展，为小流域的可持续发展提供坚实的基础。

五是策略制定：根据评估结果，制定具体的策略并制订行动计划，包括项目实施、资金筹措、时间表和责任分配。

六是监测与反馈：定期对规划的实施效果进行监测和评估，及时收集反馈信息，必要时进行调整，确保规划目标的实现。

七是跨部门协调：与水利、农业农村、林业和草原、乡村振兴等相关部门协调合作，形成合力，共同推进小流域综合治理。

八是公众参与强化：鼓励和引导公众参与规划过程，提高规划的透明度和公众的参与度，确保规划更贴近居民需求。

九是持续跟进与优化：持续跟进规划实施，根据监测结果和流域内各个聚落发展变化，不断优化规划方案。

三、基于茶马古道段村落全范围提升

茶马古道段村落范围的保护更新设计策略包括依托依其世界遗产地位，挖掘历史价值；在保留整体性的基础上，进行局部改造等。① 针对茶马古道这一历史遗产，保护工作需遵循完整性、真实性、延续性的原则：茶马古道作为文化遗产，其保护需涵盖古道本身以及沿线的古迹、古树、古建等物质载体，同时关注与之相关的历史环境风貌。如谢辰生所强调，保护范围应包括历史环境，以确保遗产的真实性和完整性。在提升旅游体验的同时，应注重历史的真实再现，避免对原有文化生态造成破坏。习近平总书记指出，要敬畏历史、敬畏文化、敬畏生态，全面保护好历史文化遗产。② 以此实现延续性发展，在保护的基础上，应拓展展示内容，完善观赏结构，规划观赏路径，使文化遗产能够与现代生活相融合，同时保持其文化传承的连续性。如《关于进一步加强非物质文化遗产保护工作的意见》中提到的，要挖掘非物质文化遗产资源，提升乡土文化内涵。③ 最后要挖掘多维价值：展示茶马古道的历史、文化、经济价值，以发展乡村旅游、文创产品等方式将其转化为教育资源和旅游资产。

团队采用多学科融合的工作方法，首先对茶马古道村落段开展地形测绘与地形地貌数据分析（见图3-5）；其次，基于历史地理研究成果，创新性从历史挖掘、功能

---

① 刘牧辉、王章叶、李陈晨等：《茶马古道保护更新设计策略研究》，载《佛山陶瓷》2024年第5期，第165-167、185页。
② 《习近平：加强文化遗产保护传承弘扬中华优秀传统文化》，见 https://www.gov.cn/yaowen/liebiao/202404/content_6945341.htm。
③ 中共中央办公厅、国务院办公厅印发：《关于进一步加强非物质文化遗产保护工作的意见》，见 https://www.gov.cn/zhengce/2021-08/12/content_5630974.htm。

改造、场所营造三个方面进行改造提升。

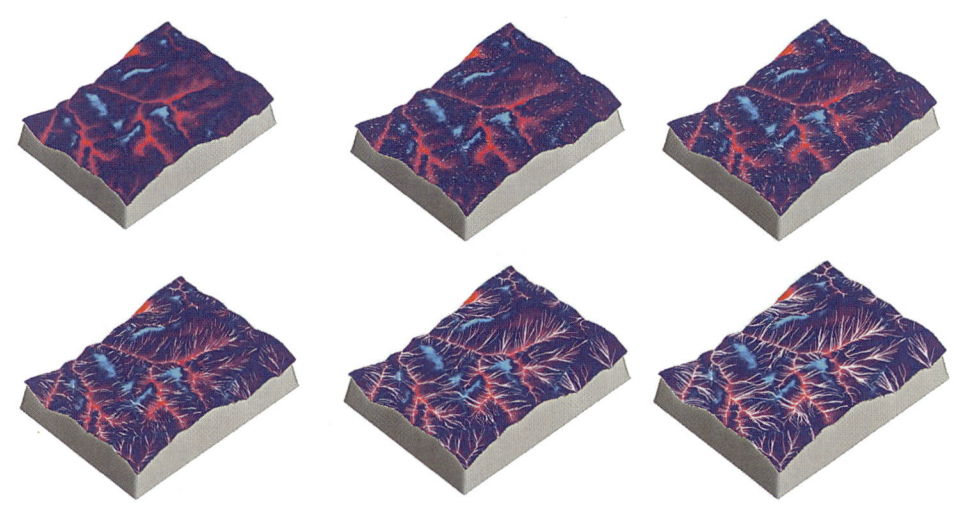

图3-5 茶马古道段地形地貌分析

在历史挖掘上，整体提升原有基础设施并进行风貌整治，充分利用本土材料及历史民俗元素，对沿线的村落、建筑、道路、水系和环境设施进行系统性的挖掘和再设计，以突出茶马古道的历史特征，并融入历史文化符号，从而整体提升其景观环境。

挖掘其历史时，强调对原生基础设施的全面升级以及茶马古道风貌的整体改善和建设。凸显茶马古道历史特征并融合历史文化符号对茶马古道景观环境进行全面改善。并对未发掘的历史景观遗迹、历史故事等进行保护，使其作为地方景观节点。研究人员还可以选择节日或代表时间，较为灵活地运用可移动的特色产品流通摊贩售卖区，在不同的节日组织的不同传统文化活动，让游客体验茶马古道多维的文化传统；充分挖掘周期性天气变化对茶马古道段落的影响，丰富游览体验，进一步增强景点活力。

在功能改造上，在增设基础设施、功能平局等的基础上，针对那些体验不佳或人流密集的地方，利用实践措施或景观设计来增设必需的配套服务设施。在村口前段设置公共停车场，在景观平台处设置集散广场，供游客集中停留和大规模疏散。同时，重视对现有基础设施的升级，如根据村内放牧需求增设新的放牧道路。在优化功能分区时，不应仅局限于单一的功能设置，而应整合多样化的功能元素，实现全面且协调的利用。

在营造场地的场所感上，利用茶马古道段沿途拴马桩及苔藓覆盖的马蹄印的旅游意象，在入口处打造马蹄印小品景观节点，让游客形成初步印象。通过悬挑的观景平台处的视线焦点，加深鸟瞰塘房意象。利用入村路段的高山茶园、农耕园等营造农作场景，还原塘房男耕女织的农耕生活。通过塑造一系列旅游吸引物，讲好塘房故事。

基于村落现状，梳理村落中重要景观节点和历史复原点。标记村落的古树名木，还原传统村落原始风貌（见图3-6）。

图 3-6　塘房村规划平面图

规划村落平面，在总平面的基础上沿茶马古道段设置多个农房改造试点，并围绕人畜分离的功能在沿线设置多个饲养院，为保护茶马古道段风貌开辟新的放牧道路（见图 3-7）。

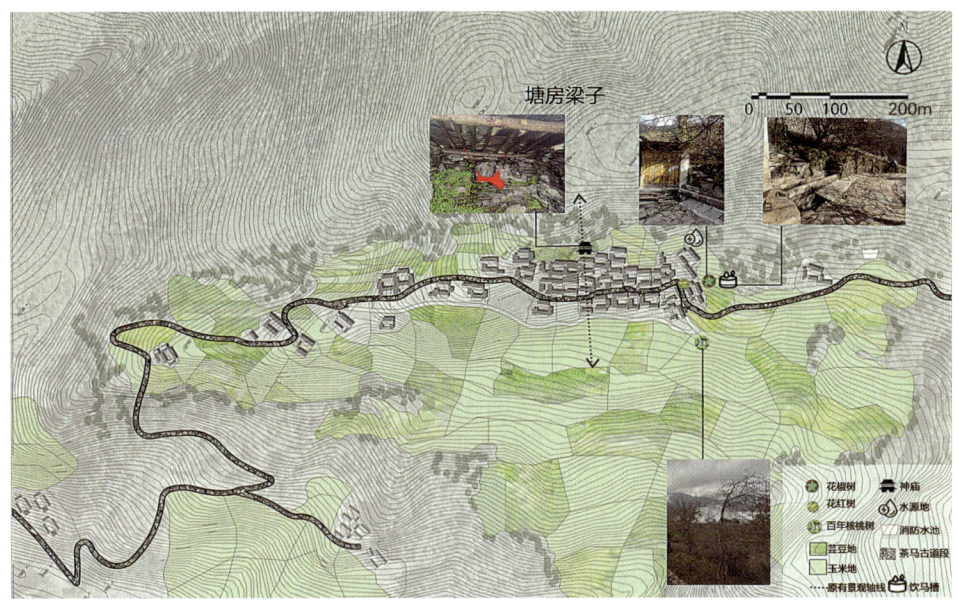

图 3-7　塘房村重要景观节点

基于小流域规划系统，完善管网系统。梳理供水、净水、排水等入户管道线路，并梳理主管和支管。完善管网系统是提升村落舒适度和人群分布合理性的关键。这涉及对供水、净水、排水等入户管道线路的细致梳理，以及对主管和支管的优化布局。在这一过程中，选择合适的管道材质以实现雨污分离至关重要，这不仅有助于改善水质，还能促进环境保护和生态平衡。

在设计和实施过程中，应充分考虑小流域的自然条件（如地形地貌、土壤类型、气候特征等）和现有基础设施，以确保管网系统的可持续性和适应性。利用管道做好雨污分离，整体采用生态友好型的管道材料，如再生塑料或高耐久性的混凝土，以减少对环境的影响并提高系统的使用寿命。此外，管网系统的规划应与村落的发展规划紧密结合，应考虑到未来可能的扩展和变化，如村落人口增长、旅游发展、农业活动等因素的变化，以确保管网系统能够满足长期的需求。在实施管网系统改造时，还应考虑成本效益和当地村民的参与。与当地机构合作可以提高项目的接受度和成功率，同时有助于提升村民的环保意识和参与感。最后，对于村落的给排水系统，应定期进行维护和评估，确保其正常运行。这不仅有助于保障村民的健康和生活质量，也是实现可持续发展的重要措施。上述措施可以有效地完善小流域的管网系统，提升村落的舒适度和人群分布的合理性，同时促进环境保护和生态平衡。

第四章

和村民一起盖房子

本章内容

本章探讨了农房改造对于提升村民生活质量和保护传统村落的重要性。项目通过微空间改造，如厨房、客厅和牛羊圈改造，以小规模、低成本的方式，激发了村民的参与热情，提升了他们的居住环境。塘房村的改造实践，包括厨房和客厅的现代化升级，以及人畜分离的饲养院设计，不仅改善了卫生条件，而且促进了社会关系的重塑。在改造过程中，多方合作、本土材料的使用和传统技艺的融合，展现了农房改造的社会、文化和经济价值。此外，通过多渠道宣传，改造项目提升了村庄的知名度，带动了旅游和文化研学的发展，推动了乡村振兴。

美丽塘房　共同缔造

农房是村民日常生活的空间载体，农房改造应当坚持问题导向，解决村民户主最真实、最急迫的问题，从房前屋后、厨房、客厅等日常生活空间等微空间改造做起。这些空间与村民每日衣食住行活动紧密相关，也与村民切身利益直接相关。同时，从日常生活空间切入，切口较小，资金和人力投入较少，更具有可实施性。在乡村互助建设的传统影响下，农房建设具有一定的个体性和集体性，最能充分激发村民主体作用，调动村民参与的积极性、主动性、创造性，发挥村民智慧，共同创造美好人居环境（见图4-1）。

图4-1　塘房村愿景图（见图片来源：王劲手绘）

农房日常生活空间改造包括厕所、厨房、卧室、客厅等生活空间，也包括牛羊圈等各类生产空间。基于全村的厕所已经完成改造的现实基础，塘房村农房改造从村民现代化需求和改造难度综合考虑，选择了三类功能空间进行改造。厨房是塘房农房中使用最频繁、现代化需求最强烈的生活空间，也是炒茶、杀猪饭等传统活动的承载空间；客厅是现代化生活和家庭富裕的体现，也是传统建筑材料和现代化建筑材料发生冲突的集中地；牛羊圈是村民日常生产的必须空间，同时人畜分离也是卫生健康的迫切需要。

第一节　农房改造

一、根据建筑普查结果、农户意愿选定改造试点

综合考虑区位、建筑风貌等要素，选取具有代表性和可行性的建筑，征询农户改造意愿，选取农房改造标志性试点（见图4-2），以农房试点推进塘房村传统村落整体的保护与发展。

第四章 和村民一起盖房子

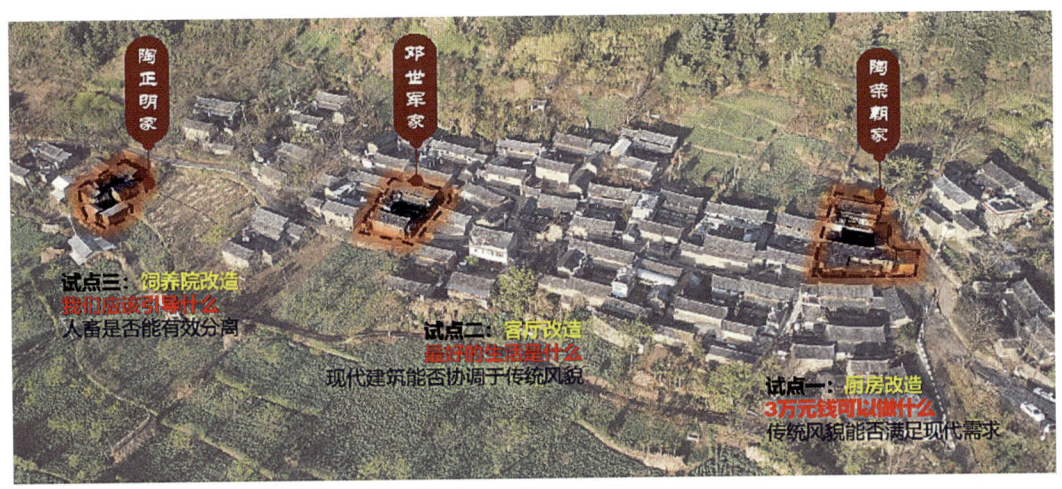

图 4-2 塘房村农房改造标志性试点

二、成立合作组织，商讨规章制度

成立合作社构建基层组织架构体系，制定农房改造制度。寻求和建立"居民主动参与，政府引导管理"的运作机制，形成包含多元主体的合作机制、管理机制、资金分配机制（见图 4-3）。

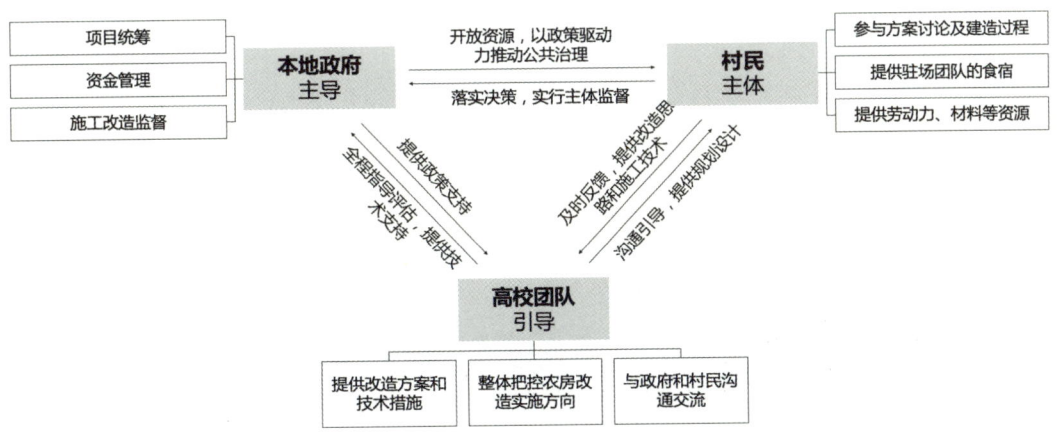

图 4-3 多元主体合作体系

首先，通过签订农房改造协议，制定多元主体合作框架（见图 4-4）。由中山大学中国区域协调发展与乡村建设研究院师生团队提供改造方案和技术措施，本地政府负责整体资金、管理统筹、施工改造监督，农户积极参与建造过程、提供对应的食宿形成共建，村民各户互相提供劳动力、材料等资源，形成互助。在资金保障上，利用好国家财政性拨款、地方财政性拨款、集体单位赞助、社会赞助、居民筹款等资金。

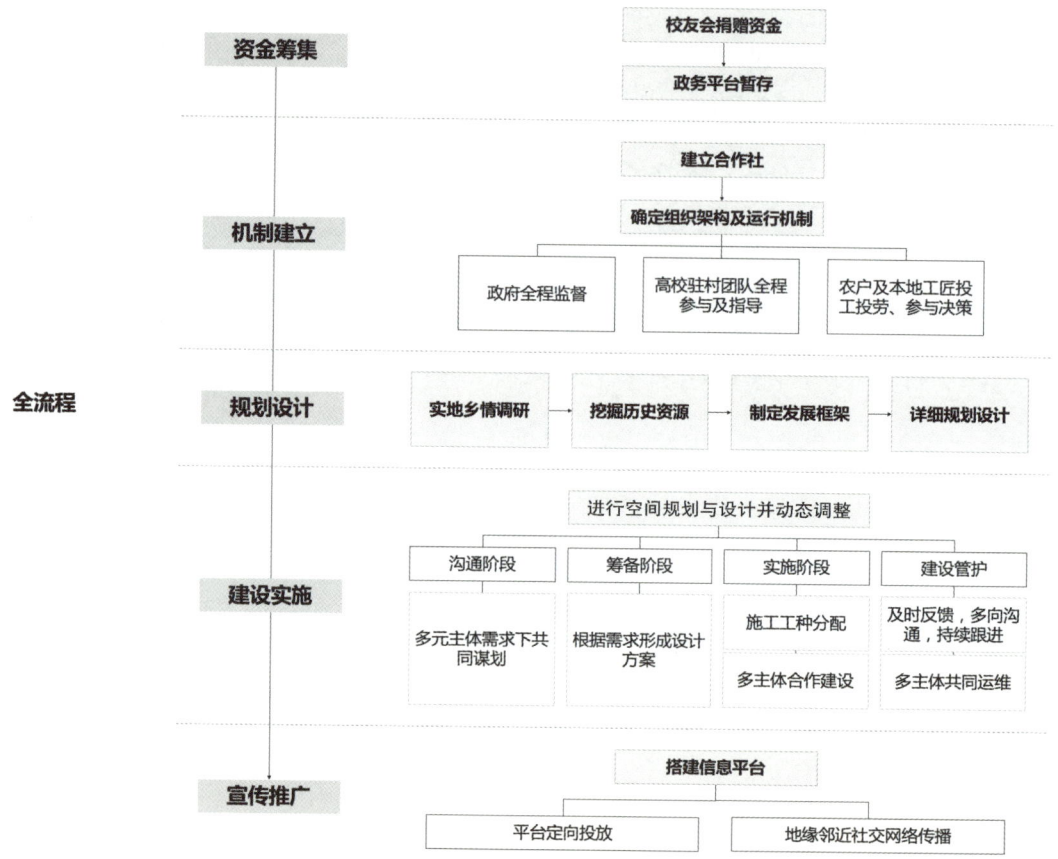

图4-4 农房改造设计全流程

通过建立合作社,确定组织架构及运作机制(见图4-5),形成制约。召开商讨会(见图4-6),制定参会人员、讨论主题和内容。按照入股资金分配股权分红,为村民增加更多收入来源,提高公众参与的积极性,鼓励其积极发言以实现村民主体,进而实现村庄规划由"自上而下"向"自下而上"治理转变。

图4-5 塘房农房改造合作社和一户一策三方协议签订

图 4-6 团队在塘房开商讨会

三、厨房改造试点，形成"益生菌"效应

1. 设计愿景：3 万元可以做什么——低造价，高效用

（1）厨房设计目标：厨房改造的设计目标是在传统风貌中融入现代功能。设计的首要原则是最大化保留传统——采用地方材料，运用地方工艺，并依托地方工匠，遵循本土营造逻辑，确保厨房空间保留地域特色与文化底蕴。同时，项目注重现代功能的注入，旨在让居住者能在传统房屋中享受现代生活的便捷，如配备先进厨房设施，规划高效功能区域。

（2）厨房现存问题：厨房面临的首要问题是整体空间采光不佳，致使烹饪时段通常光线昏暗，难以高效工作，且流线设计不合理，操作不便的问题进一步加剧。其次，活动空间局促，杂物与家具的堆砌不仅干扰了日常行动的流畅性，还严重压缩了用餐区域及通往其他楼层的空间。最后，排烟系统的缺失致使油烟无法有效排出，墙壁常年累积油烟渍。

（3）厨房改造的意义：厨房作为当地民居中至关重要的生活区域之一，不仅是日常烹饪与饮食活动的中心，更是丰富民俗文化的重要载体，诸如杀猪饭、炒茶等传统习俗在此得以传承与展现。常言道："不是一家人，不吃一锅饭，不吃一桌饭。"厨房作为家庭日常生活的核心场所，在凝聚家庭情感、强化亲缘关系方面有着不可替代的作用。

（4）厨房改造方向：保留现有功能——保留传统大灶的作用（主要用于炒茶，使用频率不高，因此考虑缩小尺寸），调整餐饮与烹调区（顺应取水，采光适宜），保护与改造并举，提高使用舒适度。

厨房改造兼顾现有功能保留与使用体验提升的双重目标。首先，就传统大灶来说，虽然其主要功能是炒茶，使用频率不高，但考虑到其具有传统文化意义，应予以保留并适当缩小尺寸。同时，需调整餐饮与烹调区域布局，顺应取水便捷性与自然采光的优化原则，确保烹饪环境实用且舒适。在改造过程中，应坚持保护与改造并举的策略，既尊重历史遗留，又注重现代生活品质的提升，从而增强厨房的整体使用舒适度。

改造过程离不开师生团队与户主共商共谋。

（1）根据建筑普查情况，选定改造试点之一为厨房，并制定初步目标是最大化保留建筑传统调性。基于户主基本意见和需求明确改造方向，计划将厨房改造成一个明亮、实用，同时可容纳1～2人日常使用和满足重要节日节点多人烹饪、用餐等需求的空间。画出初步草图，重新划分整个厨房的空间，梳理流线，调整采光空间，进行功能分区。基于草稿，线上完成方案，建设模型，制作空间效果图。

（2）线下修改草稿，形成第二稿。初步确定空间改造方向为保留传统大灶、新增现代化灶台。最大限度满足户主改造需求。

（3）现场调整草稿，形成第三稿，在施工过程中同步跟进调整。①重筑地基基础，房屋地面找平，完善房屋排水系统。②让光进来，开窗引光（见图4-7）。改造屋顶木结构，从而改善房屋通风采光条件。③让烟出去，无烟灶台（见图4-8）。通过打通墙体结构，改进烟囱、烟道、烟台整体系统打造无烟空间。

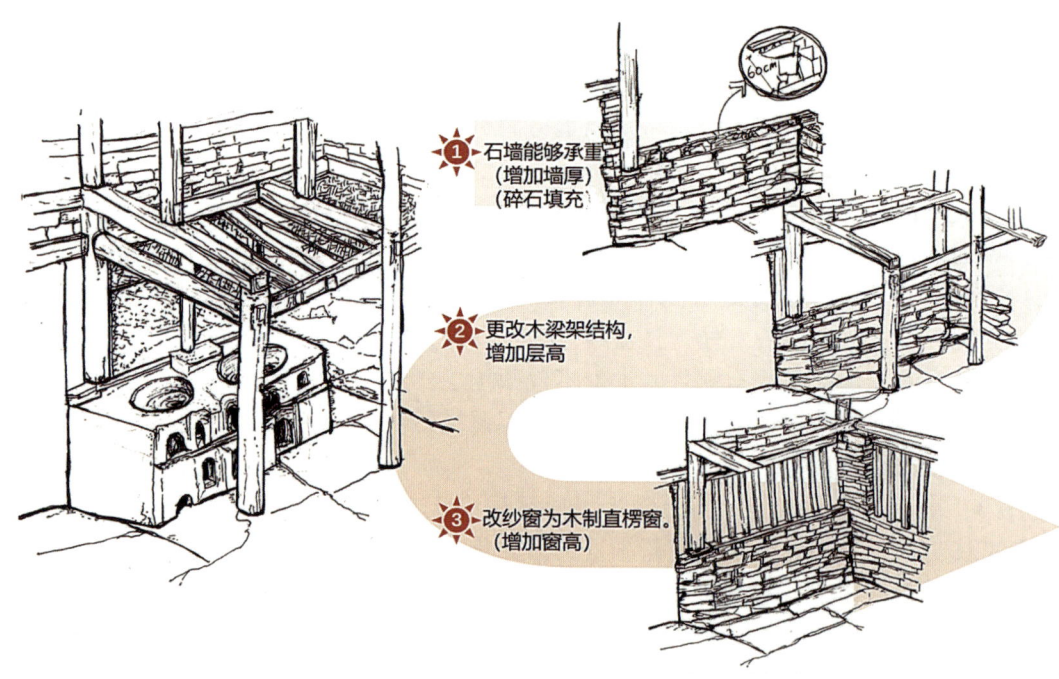

图4-7　厨房开窗引光（图片来源：李晓盈手绘）

第四章 和村民一起盖房子

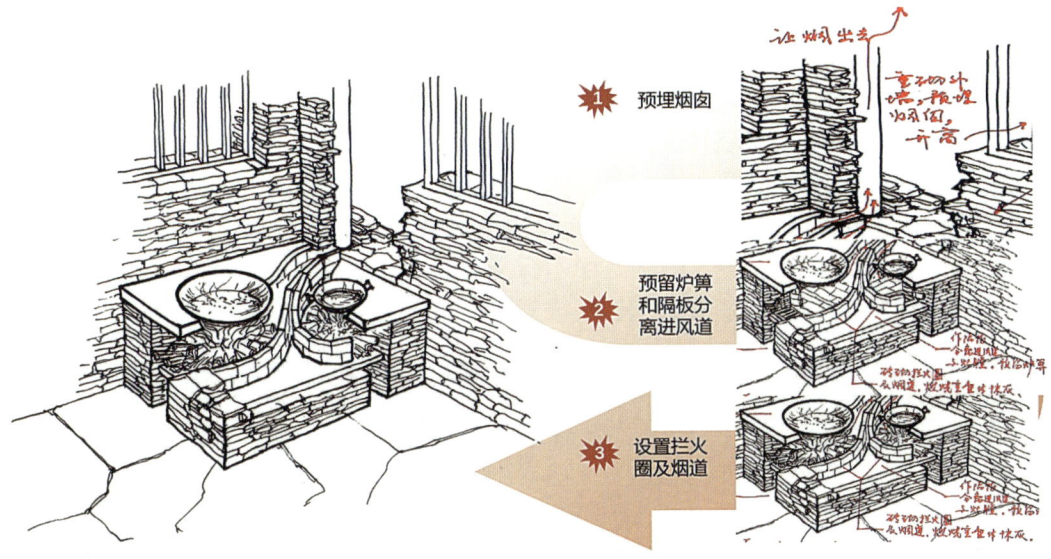

图4-8 厨房无烟灶台（图片来源：王劲手绘）

（4）建成后根据户主对于维护、管理等方面的意见进一步调整建筑细节，保证空间可持续使用性（见图4-9）。将采光材料由玻璃胶改为性价比更高的钢化玻璃，保证耐久度高，同时使空间透光性良好，厨房上方增设由胶板和竹帘自制而成的挡雨设施，既能透光又便宜耐用。置物架采用木板自制，稳固又实用。

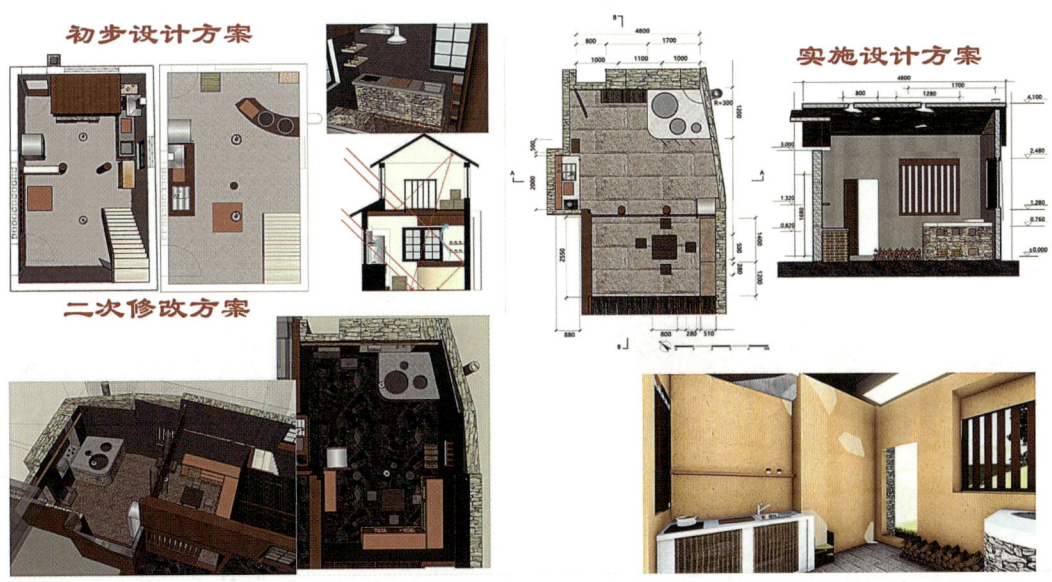

图4-9 厨房设计方案产生过程

2. 厨房改造共同缔造

共建：在建造中，团队严格遵循绿色建筑的建设原则，致力于打造环保与和谐共生的居住空间。改造全程坚持使用本土材料，如片解岩石材与天然石头，以构建传统大灶的主体结构，既体现了地域特色，又促进了资源的可持续利用。同时，团队聘请地方工匠参与施工，旨在最大化地保留并传承传统建造技艺并且有效降低人力成本（见图4-10）。建设过程中，团队严格遵循当地的建造逻辑与习惯，不仅加速了农房改造的进程，还确保了改造效果能够精准对接当地居民的实际需求。

图4-10 厨房改造的共建过程

共享：改造的厨房空间联动村口空间形成新的游客吸引点，可作为游客与村民交流的空间、村民的公共空间（见图4-11）。

在改造的过程中，户主陶荣朝大哥精神面貌有所改变（见图4-12）。村民在参观使用厨房、看到空间的改变后，也有了改造意愿，希望自主改造自家厨房。

图4-11 厨房改造前后对比

图 4-12　户主陶荣朝的转变和带动作用

四、客厅改造实验，探索多种模式

1. 设计愿景：何为最佳生活形态

（1）设计愿景：探索"何为最佳生活形态"，将传统村落的石头房巧妙融入现代科技元素，尽可能保留传统风貌——局部使用特色材料与传统工艺，确保新设计与传统风貌和谐共生；同时，融合现代材料、先进技术、审美理念及空间布局，实现传统与现代的完美交融。

（2）客厅现存问题：一是采光效果不佳，导致室内较为昏暗；二是层高相对较低，使得整个空间在视觉上给人一种压抑和逼仄的感觉（见图 4-13）。

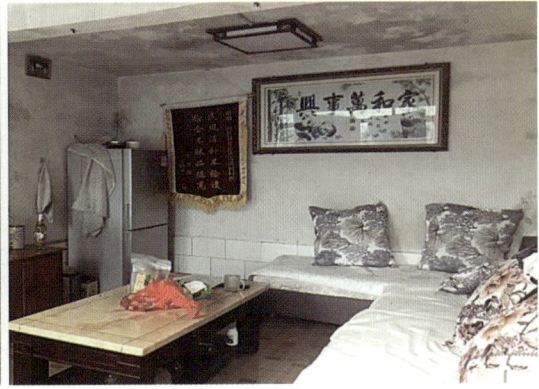

图 4-13　客厅的主要问题

（3）客厅设计目标：唯一仍在村里的党员——陶荣英老奶奶需要一个可供休息闲聊的客厅空间。户主邓大哥常出外打工，拥有大城市的见识和建房技术，对客厅空间有一定的需求并能够协助建造工作。他贤惠的媳妇、做席的大厨赵大姐也需要更合理的客厅空间来过渡至厨房，能够更方便地做饭或聚餐（见图4-14）。

图4-14 户主一家和设计团队

（4）客厅改造的意义：客厅改造实现了户主家对混凝土住宅的执着追求。客厅作为现代生活电器的核心使用区，尤其是电视机，象征着家庭经济的繁荣与生活的体面。同时，由于村民对混凝土建筑的偏好，这项改造也与乡村风貌相协调。

（5）改造设计方案生成：为满足保护传统风貌的需求，改造设计方案将原来的混凝土平屋顶改为混凝土与传统石板坡屋顶相结合的模式（见图4-15至图4-19）。

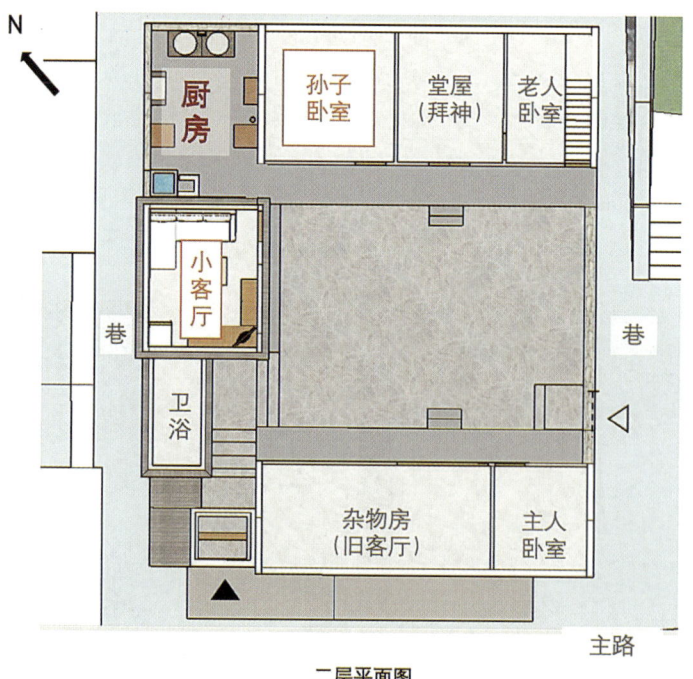

二层平面图

图4-15 初步设计方案总平面图

图 4-16 初步设计方案效果图

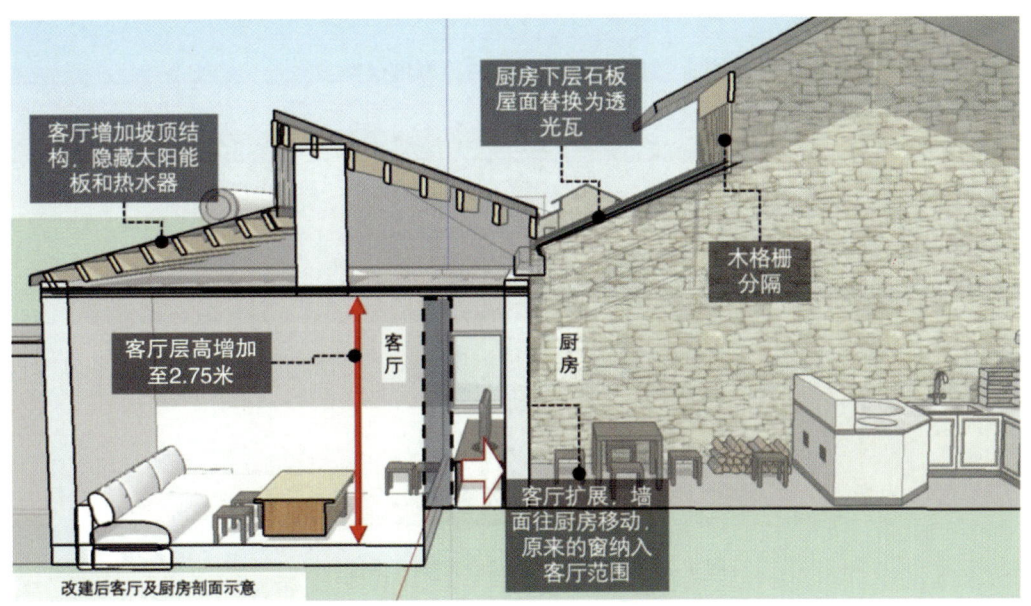

图 4-17 修改后设计方案剖面图

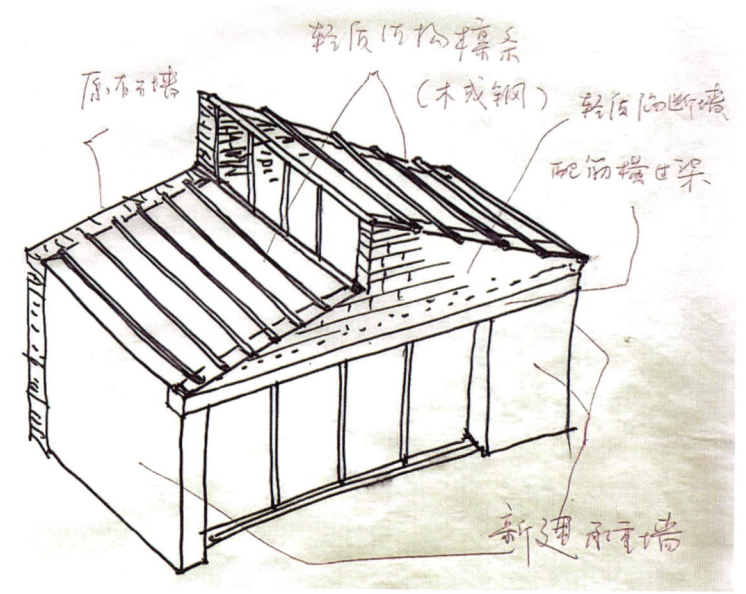

图 4-18 二次修改设计方案透视图

图 4-19 二次修改设计方案效果图

深化设计：在与户主进行沟通后决定打通客厅和厨房空间，增加层高，并合理化调整从备餐到用餐的行走流线。同时，在原来的坡屋顶的基础上，保持房屋基础功能不被破坏。将太阳能板设置在石板面上并以不等"人"字坡隐藏水箱。

2. 客厅改造共同缔造

共谋：客厅改造方案在经过与村民等主体共同讨论后完成，并根据本地施工条件进一步修改（见图 4-20）。面对修改中的诸多难题，各方共同应对和处理。例如，团队遇到了镇里钢筋厂货源不足的问题。本地师傅根据施工结构和本地做法调整钢筋材料数量和规格（见图 4-21）。又如，户主对屋顶方向提出了异议，认为"内向坡更有家的感觉"。团队于是紧急调整设计方案，结合屋顶施工问题重新设计，满足

（抗震）烈度8度的设防标准（见图4-22）。

图4-20　半面厅的屋顶在施工中被整体敲坏并且房梁结构被破坏

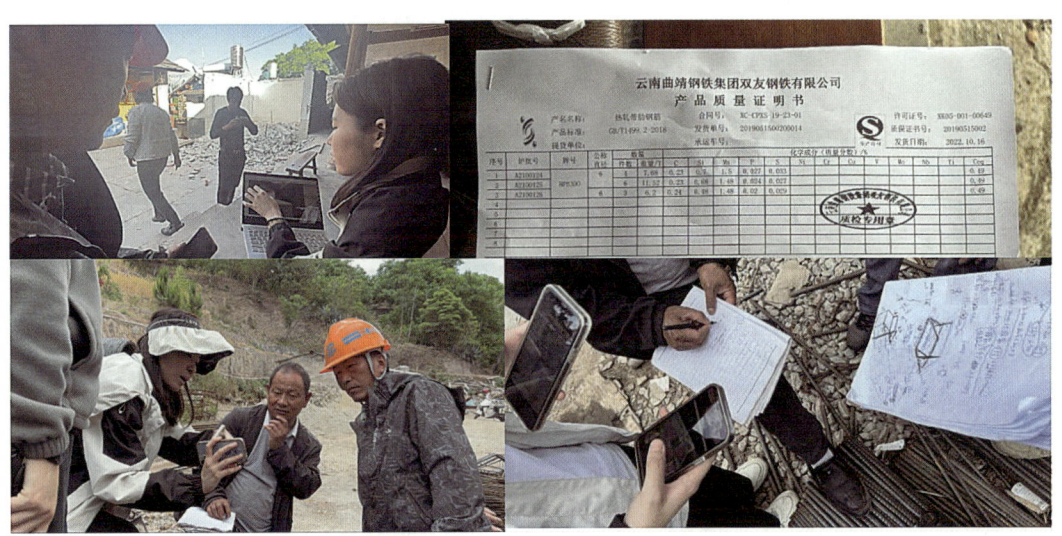

图4-21　与本地师傅沟通施工细节

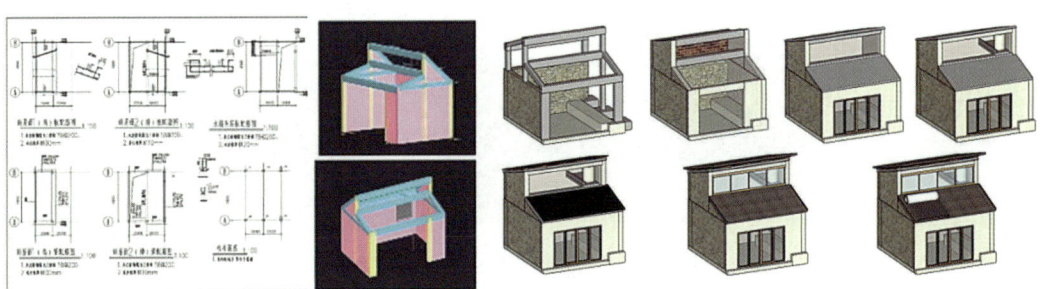

图4-22　抗震房屋结构设计图

施工团队中本土与外来工匠不断磨合，专业设计团队中设计者与结构师紧密协作，项目组与户主深入交流和讨论，经多方不断沟通和配合后，终于圆满完成了客厅建设的任务。

一项复杂的施工项目，其成功完成离不开多个团队之间的紧密合作和不断的磨合。这种磨合机制贯穿整个项目，不仅发生在本土与外来工匠之间，也存在于专业设计团队和最终的使用者之间（见图4-23）。

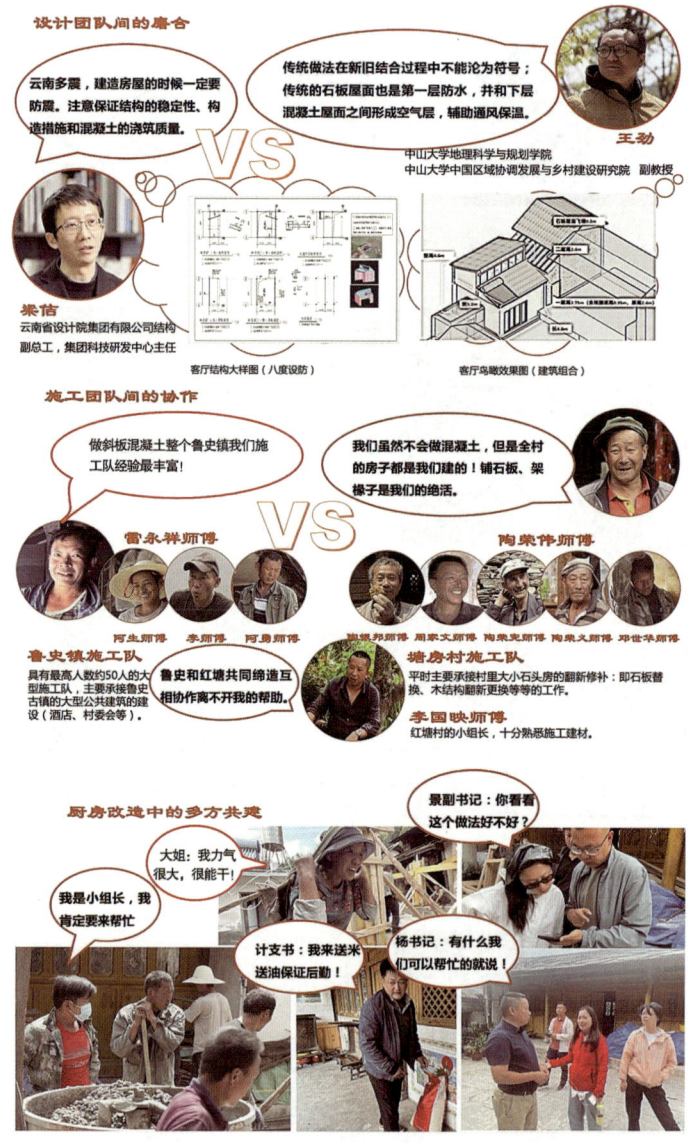

图4-23　客厅改造共同缔造过程

首先，项目聚焦于施工团队的多元化融合。本土工匠和外来工匠往往拥有不同的工作习惯和技术水平。本土工匠凭借多年的经验和独特的技艺，更懂得村民们未说出口的切实需求和生活上的小细节。而外来工匠则可能可以带来更先进的技术和创新思维。在磨合过程中,双方通过分享经验、交流技巧,逐渐形成了默契的合作关系。这种合作不仅提高了施工效率,还确保了项目的高质量完成。

其次,专业设计团队内部的磨合同样关键。设计者与结构师在项目中扮演着至关重要的角色。他们之间的沟通和合作直接影响项目的整体效果。在磨合过程中,设计者和结构师需要共同研究、探讨,确保设计方案既美观又实用。

最后,项目组与户主之间的磨合也是项目成功的重要一环。在磨合过程中,项目组与户主进行了充分的沟通,项目组了解户主的需求和期望。通过不断调整和优化项目方案,项目组在确保了项目实用性和美观性的同时,维持了村落传统风貌,成功在实用和美观两者间找到了合适的平衡点,赢得了户主和周边村民的高度评价。

共享:团队通过构建一体化的厨卫系统与客厅布局,为未来打造农家乐奠定了坚实的基础。整体空间结构上,新客厅和院落的高差关系更加错落和谐(见图4-24)。使用功能上,改造后的建筑采光和通风更好,室内空间更加通透。

图4-24 客厅改造前后对比图

客厅空间通过农房改造有了明显的改善，户主的生活质量和满意度也随之提升。户主不仅自发改造了自家的厨房（见图4-25），其改造行动、态度也更加的积极，从最初的不提任何意见转变为主动对改造后的细节提出改进意见。

图4-25　户主自发改造的厨房空间前后对比

五、人畜分离试点，塘房第一饲养院

1. 设计饲养院：人畜分离

（1）设计愿景：方案基于塘房村规划户内小分离、组团中分离以及整村合作社大分离的目标进行设计。

（2）饲养院现存问题：传统牲畜饲养作为塘房村内的支柱型产业，家家户户基本都圈养家禽牲畜。为了方便喂养牲畜，房屋结构一般都为底层牲畜圈、二层住房，人畜混居现象普遍存在。饲养空间由于堆放杂物、牲畜排泄物未及时处理等，往往会滋生蚊虫，整体卫生条件堪忧，分离人畜活动空间可以降低人感染疾病的概率（见图4-26）。

图4-26 饲养院改造前现状图

（3）设计目标：本方案旨在实现户内人畜小分离，同时尊重并维护村落传统风貌。在规划中，人的活动区注重布局合理、流线顺畅、卫生整洁与地面平整；牲口饲养区则确保设施完备、动线便捷，涵盖喂食、排污等全面功能。方案考虑到户主需求（见图4-27），为腿脚不便的奶奶设计便捷喂养路线，为曾在外打工多年的陶正明大哥打造干净舒适的饲养环境。

图4-27 与户主沟通设计并了解其意愿

（4）饲养院改造意义：饲养院改造能够实现空间上人畜分离、活动流线合理排布，极大地便利了奶奶与大哥进行家畜喂养。同时，改造项目确保了饲养区的卫生整洁，有效降低了人畜共患病的风险。

2. 饲养院改造共同缔造

共谋：经过沟通，项目组根据户主的需求，在设计方案中增设牛棚排粪沟，保证卫生。牛棚采用三合土和稻草铺地，以预防牛蹄疫，同时采用栅栏将畜畜分离。新的鸡舍使对不同阶段的鸡禽进行分层管理成为现实（见图4-28），增设取蛋箱，减少人禽接触，并且增设爬架，保证鸡禽在鸡舍内的活跃度。

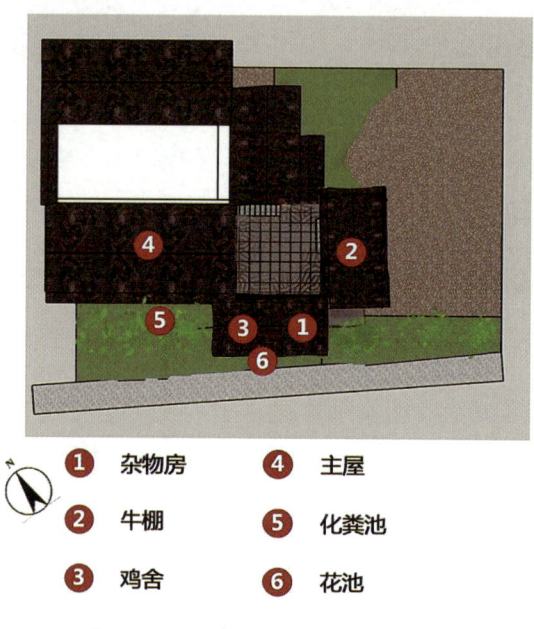

① 杂物房　　④ 主屋
② 牛棚　　　⑤ 化粪池
③ 鸡舍　　　⑥ 花池

图4-28　牛棚及鸡舍总平面图

在现场时，项目组根据房屋的空间布局关系以及空间功能需求对设计方案进行了修改。在整体布局上，控制建筑立面高度。基于户主日常使用高度，保证视野通适、院落建筑群高低错落（见图4-29、图4-30）。在局部空间上，在外立面增加木格栅窗，保证良好的通风采光性并增加游客的互动性、观赏性。同时，考虑排污的效率，增设排污管联通化粪池，有效解决牛粪残留和处理问题。最后，提高污染物的利用效率，增加花池和蔬菜箱，将发酵排泄物利用起来。

图4-29　饲养院立面图（外部界面提升设计）（图片来源：王劲手绘）

第四章 和村民一起盖房子

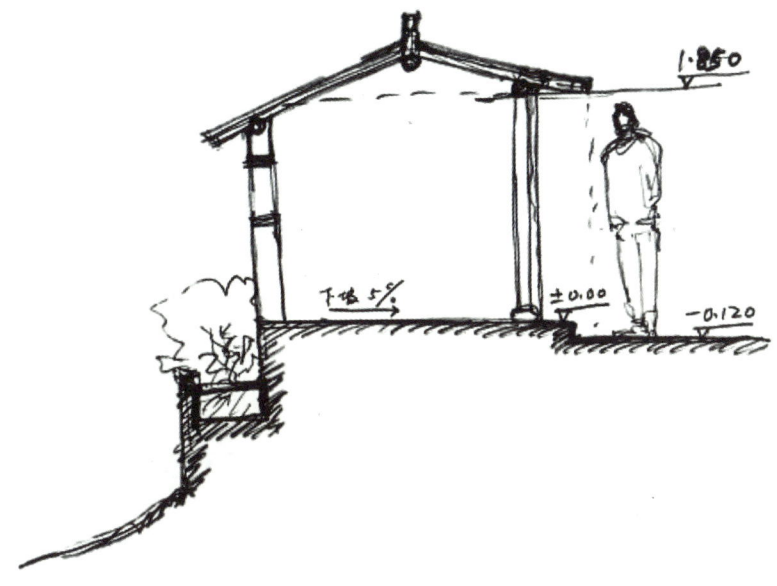

图4-30 鸡舍改造后剖面图（图片来源：王劲手绘）

共建：饲养院共建不仅促进了村庄的人畜分离，也使得村内的社会关系网更加紧密、村内关系更加和睦。这一过程中，户主的亲朋好友共同参与饲养院的建设与管理，不仅加深了彼此间的情感联系，还激发了村民之间的互助合作精神（见图4-31）。

图4-31 村民与项目组合作共建

共享：饲养院建成以后，人畜空间和行为流线基本分离，各功能区界限分明，放牧喂养等活动从饲养院通向新主干道，做饭待客等日常活动在院落空间进行，且能够通往茶马古道，基础卫生能够得到保障。储物间新增的木格栅窗，让储物间更加通风透气，物资不易受潮或被虫蛀，同时让改造后的房屋界面更加的透亮、美观（见图4-32）。牛棚新增的分隔栏让人喂食和牛进食的效率更高，设置的排粪沟让排泄物更容易集中处理，处理效率也更高，彻底解决了需将牛棚内的牛粪挑出并堆放晒干带来的人力问题和卫生问题。新增的通往主干道的门户入口，既解决了进出饲养院的高差问题，也改善了入户界面的卫生情况（见图4-33）。这次的改造行动得到了户主的高度认可（见图4-34），还带动主干道上的几户人家加入了改造行动中。

图4-32　饲养院改造前后对比

图4-33　饲养院的门户

图4-34　改造后户主露出满意的笑容

第二节　建设成效

一、挖掘历史资源，保护传统风貌

乡村是一个承载着历史记忆的叙事性空间，每一个乡村，都传承着当地的历史与文化——是当地村民在漫长的生活岁月中不断积累形成的，是人们精心生活、用心营建的结果。找到乡村传承不变的要素，可以形成设计应遵循的脉络，进一步梳理空间要素组合形式的演变。

塘房村的保护与发展应当遵循塘房村的发展节律。传统与现代化不是非此即彼的，传统村落的保护也并非故步自封，而是要回到发展的秩序和节奏当中，保护与发展不但不矛盾，反而可以和谐统一，互为动力①。其原则是尊重历史和创造性地发展，缺一不可。村民是村落的主体，他们全部的历史、文化与记忆都在他们世袭的村寨里。村寨就是他们的根。他们生活在他们的村寨里，更生活在他们自己创造的文化里②。这一发展节律源于自然节律，人居环境以自然为基础、以社会为纽带，通过集体村民逐世积累艰辛的劳动实践，运用传统智慧实现对美好环境与幸福生活的愿景，逐渐确立了人与自然、人与社会的适宜秩序，慢慢形成了天人合一、耕读传家的生产生活方式。然而，资源的有限性决定了传统村落的发展历程是有节奏的，并外化在历史建筑、选址与格局、非遗等要素，以及作为物质与文化创造主体本身的村民之中。

二、引导人畜分离，优化环境卫生

在乡村振兴的带动下，农村地区的生产、生活水平有了较大的提升，但仍然有大量传统村落以畜牧业收入为主。在传统的塘房农民生活中，小规模的家庭养殖是除农业生产外的家庭主要收入来源。然而，塘房村保持散户养殖、人畜混杂的饲养方式，居住空间和畜禽养殖场所混合，人居环境恶劣，导致人畜共患病的概率加大。因此，在保护传统农耕文化和传统产业的同时，要逐步引导人畜分离。

人畜不分离的现状带来了显著的人居环境卫生危害，推动人畜分离成为一个不可逆转的大趋势。传统农村的住宅结构多为二层或三层单体楼房，一层为畜圈，二层、三层住人和储物，由于隔层密封不良等原因，人畜空间气味串通，会影响人居环境卫生，容易出现炭疽、鼻疽、布氏杆菌病、结核病、口蹄疫、狂犬病等人畜共患的疾病。因此，在近年的"安居工程"等住房改善行动中，政府要求实施人畜分离，即

---

① 胡燕、陈晟、曹玮等：《传统村落的概念和文化内涵》，载《城市发展研究》2014年第1期，第10-13页。
② 冯骥才：《传统村落的困境与出路——兼谈传统村落是另一类文化遗产》，载《民间文化论坛》2013年第1期，第7-12页。

人畜不得在一个楼体内混居，必须在宅院内划出专门用于饲养家畜的空间，实施物理隔离①。

部分畜牧业发展地区开始尝试发展"退村还区，人畜分离"的养殖模式，通过统筹规划，合理布局、集中饲养、联户养殖，通过在自然村屯的外围建立统一的养殖小区等方式，形成分户管理、独立核算、人畜分离的养殖模式②。人畜分离的几种方式和着手实施点包括：户内的分离、小组团的分离、整村的分离。"人畜分离"在方法上有"小分离"和"大分离"两种。所谓"小分离"即在自家庭院中对人的生活空间与家畜活动空间实施物理隔离，例如，设置墙体或栅栏，避免人畜共用空间。塘房村多数农户已经实现了"小分离"。所谓"大分离"，即在距离村庄 200 米以外的地方建设集中养殖区，以实现"统一防疫、统一粪污资源化利用"，农户庭院中不再养殖家畜。"小分离"在养殖模式上与传统方式并无大的区别，农户很乐意接受。而"大分离"则有两个显著变化，一是畜圈远离家户，喂养、挤奶需要走较远的路，耗费时间，使劳动成本增加，村民感觉十分不便；二是家畜不在自家庭院之内，难以随时给予照料，养殖精细程度下降，这就可能造成家畜因为缺乏针对性的照料而膘情下降，甚至病弱死亡③。"大分离"有如下好处：一是有助于改善人居环境卫生，净化村庄空气，避免满街巷猪粪，这是建设美好生活的重要标志。二是在全球范围内人畜共患疾病多发频发的背景下，"大分离"能有效降低人畜间疫病交叉感染的概率，有助于防控传染性疫病暴发。三是如果在"大分离"过程中实现专业化养殖、规模化经营，有助于提高劳动效率，有利于促进农村经济发展和农民生活条件改善。总之，"大分离"尽管会给村民带来不便，但是从社会总收益角度看有其积极的意义。

"小分离"解决的是户内生活和生产的分离，但对于传统木结构两层民居，底层养牲口、上层住人，始终无法解决底层卫生对上层居住使用的影响。对需要每日放牧的村寨来说，也不能改变各家放牧对村落道路整体环境的影响。"大分离"是彻底的人畜分离，有助于改善以上问题，但对于传统村落而言，传统的畜牧养殖既是一种生产生计，也是一种文化风景。同时，村集体凝聚力和治理能力是保障"大分离"长远可行的必要条件。因此，介于两者之间的"中分离"（即大分散、小集中）——地理位置相邻且感情关系较好的几户农户合建中等尺度的饲养院，村落整体形成多个小集中式的独立养殖院，这种模式经济投入较小，管护距离短，更符合乡村生产和人际交往习俗。同时通过设计，重新梳理放牧路线，有效串联多个养殖院，可更好地平衡本地生产方式和旅游开发的卫生诉求。

实现人畜分离后，还需要建立有效的管护机制，这样不仅有助于提升农村地区的卫生条件，还能为旅游业的发展提供有力支持。规模化养殖，可以将畜牧业新技术普

---

① 扎洛：《村庄经济发展水平对村民参与"人畜分离"项目的影响——西藏中部楚河流域三村的案例分析》，载《中国藏学》2022 年第 5 期，第 154 - 163、217 页。
② 杜晓丹：《"退村还区，人畜分离"生态养殖模式发展的思考——基于黑龙江省肇州县朝阳乡的调查》，载《黑龙江畜牧兽医》2013 年第 16 期，第 26 - 27 页。
③ 顾金土：《乡村振兴实践中的尊重、激励和约束：以"人畜分离"工程为例》，载《学习与探索》2019 年第 1 期，第 17 - 23 页。

及给养殖户，提高养殖户的实际养殖技能，提高养殖户的生产能力和水平。另外，与规模化养殖配套，应建设大型沼气池、实行集中供气等，变废为宝，便于对粪便和养殖业垃圾进行集中无害化处理，一方面可以提高养殖户的经济效益；另一方面可以改善农村人居环境，避免环境污染和疾病蔓延。

三、完善管理体系，保证可持续发展

多重目标达成需要地方政府发挥关键纽带作用。县政府负责整合多主体的多重目标，并将之细化为可操作的行动框架；村级集体则负责在县政府的行动框架之下形成具体的工作方案。

共管的目标是实现可持续发展，可以从以下多个方面完善整体的管理体系。

一是建立回访和跟进的长效机制。可以利用线上线下相结合的方式，例如线上建立农房改造管理平台，实现数字化管理，提高效率，线下通过定期回访，了解农房改造后的使用情况和存在的问题，及时进行调整和优化。

二是以自培养促进自治理。在村中培养乡村规划师并建立工匠能人团队。在村内，可以通过组织培训、工作坊等形式，提升乡村规划师的专业技能和团队协作能力。不仅乡村规划师需要提升个人知识，团队成员之间也需要知识互助和资源共享。培育乡村建设工匠队伍，提升他们的职业技能和综合素质，建立乡村建设工匠名录，确保施工质量安全责任落实到位。

三是村落推广可复制经验。将成功的农房改造案例和经验进行总结，形成可复制、可推广的模式。通过政策引导、技术支持和资金扶持，鼓励其他地区借鉴和应用这些经验。由此推动区域整体规划：与流域内及整个区域的规划相结合，将农房改造纳入更广泛的乡村发展和区域规划中，实现资源的优化配置和利用。

四是进行信息化管理。提高农房建设管理的信息化水平，建立包含空间地理信息、行政审批、设计建造和房屋安全状况等信息的农房全生命周期数据库，实现农房建设管理的数字化、智慧化。

五是探索农房保险制度。鼓励地方政府和金融机构开展农房保险试点，推广农房巨灾保险制度，增加农房抗风险能力。

六是建立农村社区，促进社区参与和共管。成立非营利管理组织，鼓励社区居民参与农房改造的规划和管理过程，促进居民的自治能力提升，通过社区会议、工作坊等形式，收集居民的意见和建议，提高改造的接受度和满意度。

七是制定法规和提供政策支持。地方政府应出台相关政策和法规，为农房改造提供政策支持和法规保障，确保改造工作顺利进行。

四、重塑乡村空间，带动社会关系重塑

"设计是为了达成有意义的秩序而进行的有意识而又富于直觉的努力"。规划设计和建设是社会治理的手段，传统村落农房改造不仅是理性的技术问题，更是社会问

题。因此，改造的全过程应特别关注农房空间背后的使用者和社会关系，通过深入沟通理解村民和空间之间的关系、空间环境形成的原因，探求从根源上改变空间的契机。

通过在建设行为过程中加强多元主体沟通互动，带动主体间社会关系的改变。通过农房改造中一个个功能的改变，改变村民的精神面貌，在日常生活中寻回发展动力，以点带面带动乡村集体的变化（见图4-35）。

图4-35 通过农房改造加深基层组织和村民的理解和互动

五、多渠道推广，实现宣传效应最大化

1. 宣传方式

平台和媒介选择覆盖了流媒体与纸媒体，双轨并行，在投放对象的选择上明确目标群体的特征，从而制定精准的营销策略。至于宣传形式，则灵活运用了影像纪录片、照片、报道及直播等多种手段（见图4-36）。借助"互联网+"形式，以新触媒新媒介传播农房改造经验，推广宜居农房案例。通过抖音直播、制作纪录片并在各大高校、媒体、政府部门等平台推广宣传，面向不同类型受众精准推送，覆盖游客、高校团队、非营利性机构等多类型群体宣传面，让遥远的小村庄融入世界，让传统村落的身影走入大众视野。

图4-36 中山大学视频号的《在塘房学盖房》宣传片

2. 推广形式

线上推广通过定向投放辐射周边村至市,线下能人构成社交网络推广引荐(见图4-37)。通过媒介发声促进公众参与。

图4-37　乡村能人自发宣传塘房村

3. 宣传效应

打造小众旅游目的地,联动周边发展,精准宣传,聚焦文化研学,为校友、家庭、背包客提供深度体验(见图4-38)。

图4-38　团队师生在给游客讲解改造过程

六、推进农房改造，实现现代生活

农房是乡村建筑的主体，是村民财富和生活水平的外在表现，也是村民日常生产生活最重要的空间。传统村落的房屋是保护的主体，需要满足农房外观风貌的保护要求；但也是发展的载体，要符合现代人居住的需求，更是旅游等新兴乡村产业发展的宝贵资源。农房外观的改变会直接影响乡村外在环境的焕新。20世纪70年代的塘房村仍以土墙泥瓦为主（见图4-39），到80年代开始开采石头，有了石头墙、石头屋顶，如今为了便捷地使用水电，家家户户屋顶都装上了太阳能板。茶马古道段基于日常放牧、通勤等需求，也在保护风貌的要求上进行了适当的翻修，村口和村尾作为重要风貌地段，由原来损坏的泥沙路段复原为石层段。村落环境一直不断地随着村民生产生活的需求发生变化。

图4-39　20世纪70年代的塘房村

农房现代化改造的切入点可以是农房的主要使用空间，包括厨房、厕所、客厅、牲口圈等。传统的农房建设因材料和技术的限制，存在内部采光差、通风不良等空间问题。传统的生活方式决定了传统的生活空间设计，例如使用户外旱厕、柴火土灶、火塘客厅等。现代化的生活方式已经逐渐改变了村庄旧有的生活习惯，传统的空间条件和现代化的诉求以及新生产力带动下出现的生活工具产生了巨大的冲突。因此，以人的现代生活需求为出发点，通过对空间进行小尺度、渐进式改造，改变一个个空间，以平衡保护和生活。现代化的改造基于功能的诉求和空间的焕新展开，门前入口、入户空间等重要空间节点常常会影响房屋环境更新的成效。在改造过程中，不仅要关注单个房间的改造，还要考虑整个房屋的空间布局。合理的空间规划，可以提高房屋的使用效率，创造出更加宽敞和明亮的居住环境。门前入口和入户空间是农房给人的第一印象，也是家庭成员日常出入的必经之地。通过设计美观、实用的入口和入户空间，可以提升农房的整体形象，同时能提高家庭成员的居住体验。见图4-40。

图 4-40 十年前、后的塘房村

传统的农房是传统文化和技艺的体现，农房现代化改造兼顾保护，更是民俗文化传承的需要。在改造中可使用本地材料，例如本地竹木材料、本地石料、生土等，通过材料展现本地风貌特色。同时，本地村民和工匠世代累积的本地知识和本地技艺是农房改造中宝贵的资源，"百工五法"矩、规、绳、水、悬，通过工匠的师承制度，不断发展创新，形成适应每一个时代的独特建造技艺。

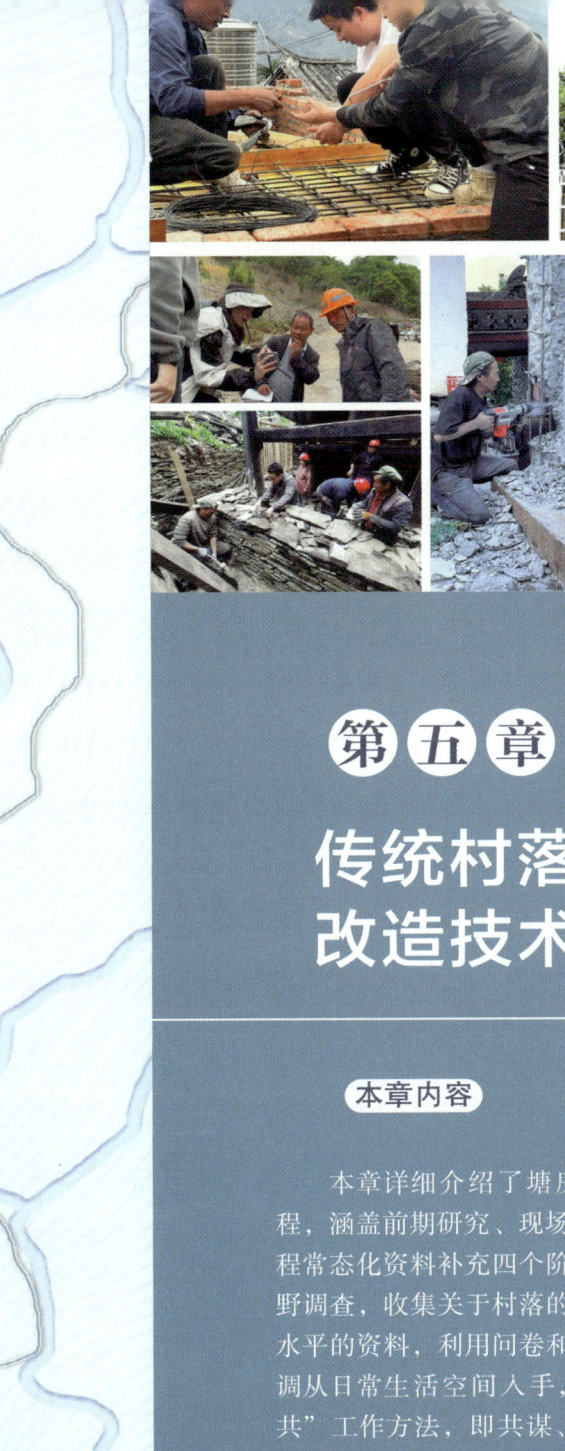

第五章

传统村落的农房改造技术指引

本章内容

本章详细介绍了塘房村农房的整体形态建构过程，涵盖前期研究、现场田野调查、资料梳理和全过程常态化资料补充四个阶段。团队通过深入研究和田野调查，收集关于村落的历史文化、社会经济和建设水平的资料，利用问卷和访谈深入了解村民需求。强调从日常生活空间入手，推动农房改造，采用"五共"工作方法，即共谋、共建、共评、共享、共管，充分激发村民参与。同时，本章着重探讨地方营建的重要性，利用本地知识、传统技艺和材料，以及本土工匠的智慧，维护和传承乡村的建筑特色和文化。旨在通过这些方法实现乡村的可持续发展，提升村民的生活质量，并保持乡村的传统特色。

第一节 研究先行

——梳理当地情况要素，建构乡村发展整体形态

调研是乡村工作的基石，"没有调研就没有发言权"，深入研究按阶段主要分为前期研究、现场田野调查、资料梳理和全过程常态化资料补充四个阶段。

前期研究主要依托既有的资料获得对当地历史文化特征、社会经济水平和乡村建设水平的初步印象。通过网络搜索，分析乡村的交通区位条件、地理环境特征、人文历史特点、产业发展条件和水平等，并关注整体性和区域性的分析。通过与当地行政部门对接联系，获取相关的规划和发展资料，如近年的政府工作报告、产业发展规划、乡村规划等既有的规划资料，了解政府部门对地区发展的整体构想和工作重点。通过村集体获取村志、族谱等文字材料，梳理村落的发展历程、宗族情况、领袖人物和大事件等重要信息，对村落建立更清晰的了解。

基于前期成果拟订田野调查的具体内容和工作计划，包括调查重点内容、调查方法、问卷设定、人员和时间安排等。塘房项目团队在2021年至2022年间开展了4次全村规模的入户访谈，访谈对象包括村内的全年龄段村民，调查方法包括直接观察、访谈、问卷和建筑实测等。所有记录的素材都需通过后期的整理才能作为工作的依据。

通过半结构式的问卷，全面了解村民的家庭构成基本信息、农房建设情况、生活发展需求等内容。根据村民的实地沟通反馈，讨论的内容可拓展至较容易引起村民的兴趣和意见表达的日常生活，特别关注当地的历史文化要素和空间的使用。如果村民主动参与沟通和互动，详细讲述各家的具体困难和诉求，互动越来越开放和轻松，访谈互动地点也从正式的私密性的家庭庭院拓展到非正式公共场所如街巷、村口等空间。过程中不仅需要记录问卷的内容，还应记录问卷外的非正式讨论和居民讲述的故事。

挑选具有代表性的农房建筑物进行建筑实测和节点拍照记录，与族谱和访谈信息相互对照，梳理乡村发展建设情况。重点关注农房建筑的空间布局、功能使用、建筑材料、建筑结构、建筑构建形制和尺寸等能反映各时期建筑特点的内容。

田野调查还包括大量的现场踏勘，掌握乡村居住的基础设施情况，包括给水、排水、污水、电力、电信、道路等建设情况和存在的问题。

资料梳理是前期研究的重要内容，基于获取的资料，从专业技术角度建构乡村，发现问题并提出初步设想，形成完整的前期研究报告以作为下一步工作的基础。

第二节 日常切入
——发现问题，从日常生活空间切入

农房作为村民日常生活的空间载体，其改造应当坚持问题导向，聚焦村民户主最真实、最急迫的问题，从房前屋后、厨房、客厅等日常生活空间等微空间着手进行改造。这些空间与村民每日衣食住行活动紧密相关，也与村民切身利益直接相关。从此切入，所需资金和人力投入较小，更具有可实施性。在乡村互助建设的传统影响下，农房建设兼具个体性和集体性，最能充分激发村民主体作用，调动村民参与的积极性、主动性、创造性，发挥村民的智慧，创造美好人居环境。

农房日常生活空间改造可选择的内容包括厕所、厨房、卧室、客厅等生活空间，也包括牛羊圈等各类生产空间。由于全村的厕所已经改造完成，塘房村农房改造综合考虑村民现代化需求和改造难度，最终选择三类功能空间进行改造。厨房是塘房农房中使用最频繁、现代化需求最强烈的生活空间，也是炒茶、杀猪饭等传统活动承载空间；客厅是现代化生活和家庭富裕的体现，也是传统建筑材料和现代化建筑材料发生冲突的集中区域；牛羊圈是村民日常生产的必须，但人畜分离是保障卫生健康的迫切需要。

第三节 共谋、共建、共管、共评、共享

传统村落农房改造采用共同缔造的"五共"工作方法，即决策共谋、发展共建、建设共管、效果共评、成果共享。

共谋，从问题出发，专业技术人员与村民、工匠等多元主体共同设计，形成改造的共识（见图5-1）。基于本地知识和外来技术团队对空间认知，达成共同的设计发展愿景。多元主体共同挖掘乡村资源，包括自然资源、民居和公共建筑资源、公共设施和空间资源、新乡贤等能人资源、传统民俗文化资源等，整合资源，发挥村民、工匠、设计师等主体的集体智慧，开展农房改造设计。

共建，延续"村民共建"的传统建造方式，加入技术指导（设计师、帮扶团队）等力量，推广以工代赈等方式，鼓励村民投工投劳，发挥村民创造力。村民可以通过就地取材、让出个人闲置用地、捐献老物件等多方式开展建设（见图5-2）。村民对自己建设的环境，更具自发管护意愿，共建推进共管，为管护奠定基础。

共管，充分发挥村民主体管护意识和能力，通过共同制定村规民约、划分片区管护等方式进行建设后的长期维护（见图5-3）。

美丽塘房　共同缔造

　　共评，让村民成为评价的主体，通过建立长效考核机制，奖励先进、激励后进，进一步激发村民的参与热情（见图5-4）。同时，通过共评了解村民满意度较低的地方，明确项目成效与不足，为进一步改进乡村设计和完善工作细节提供参考，也为政府工作提供反馈。

　　共享，以村民为主体进行乡村设计所创造的美好环境与幸福生活，是全体村民共同的作品，由此形成的环境效益、经济效益、社会效益应由全体村民共同分享，例如，改善后的人居环境、转型发展的产业带动了村民人均收入的提高、乡村凝聚力的增强以及文化自信的提升等。

图5-1　与村民、工匠共同谋划方案

图5-2　多元主体共同建设

图5-3　共同管理，共同享有

第五章 传统村落的农房改造技术指引

图5-4 多主体共同评价

第四节 地方营建——本地知识、传统技艺、当地材料

农房改造应借助在地营造手段，充分发挥地方知识，运用地方技艺、使用地方材料，以村民户主为主体，以本地工匠为主要技术力量。地方性知识是特定自然环境和历史背景下，人在生产生活实践过程中所产生、积累的知识或知识体系，能更准确地反映地方建设条件，助力地方更经济、安全地完成建设行为。地方技艺是传统民俗的重要组成部分，通过地方工匠师承制以传承延续和发展。地方工匠通过地方材料的使用和创新，展现当地建筑的文化和风貌特色，例如西北地区的黄土地坑院、江浙地区的马头墙四合院、湘西地区竹木吊脚楼等，都是地方营建的典型代表。

塘房民居的发展历经了从茅草屋向石头屋的演变，历代工匠通过技术革新，已达到将石头墙作为直接承重墙等技术水平。农房改造材料包括墙体使用的周边山体的块石、地面铺设的大型石板和屋面使用的片解岩（见图5-5）以及后山木材。

图5-5 本地石头房和传统工匠技艺

一、本土工匠营造智慧体现

1. 相地智慧

塘房村独特的地形地貌条件，形成了典型山地聚落空间结构。从垂直梯度看，自上而下依次为山林、村落、农田、山谷，这是山地居民和自然条件相互作用下形成的三生空间。背靠山林，方便狩猎取材；紧邻农田，方便照看田地。从平面视角看，塘房村也与大多山地村落一样，多数民居的房屋主轴线正对着山峦，因为当地人认为"正房要有靠山，才坐得起人家"①。但也有部分民居正屋的朝向听取了风水师傅的建议：避免与宗教建筑神庙方位对冲，即正对着山顶神庙处的房屋不可与神庙同朝向，或者考虑到邻居已建成的建筑，在位置上退让或交错，在朝向上进行转向[2]。

塘房村域南北窄、东西长，主干道宽3米（茶马古道支线顺下线），东西向穿村而过，宅前路宽约1米，与民房形成"鱼骨形"串联空间。直至今日，塘房村的主干道上依然可见当年的拴马石，和供马匹喝水的石凿水槽，是"顺下线"中保存最完好的茶马古道遗迹之一。

2. 乡土建筑营建形式

（1）院落形制分析。不同时期，由于建筑用材和手法的差异，塘房建筑院落演化出不同的风貌——由原来的茅草顶土砖房单体逐渐变成如今的石板顶石头墙的合院式建筑形式。

村落民居规模较小，在竖向布局上，建筑顺应山势高差，通常在地下下挖一层作为猪牛羊圈。建筑楼高多为两层，一层居住，二层为通间用以晾晒物品、堆放杂物，少见为三层。

平面布局上，可分为三种形制：一坊一耳"L形"、一坊两耳"U形"、两坊两耳"回字形"（见图5-6）。坊是构成云南合院式居民的基本单位，指面阔三间房，高两层楼的民房。一坊一耳"L形"的户型常见于人口较少、经济条件有限的家庭，一般预留足够的院落面积，以备日后条件成熟时扩建。此外，有由于耕地保护政策使宅基地面积受限，购置的宅基地不足以建造合院建筑，也会选择这种户型。一坊两耳"U形"常见于受地形限制或空间不足的院落，其耳房集成客厅、洗漱、牛羊圈等多种功能。两坊两耳"回字形"是最常见的院落样式，堂屋、倒座和楼子为居住空间，东西侧的平房一般作为晾晒、仓储和餐饮空间，院落还包含牧畜养殖和其他辅助生产空间。

---

① 杨大禹、朱良文：《云南民居》，中国建筑工业出版社2009年版，第34页。

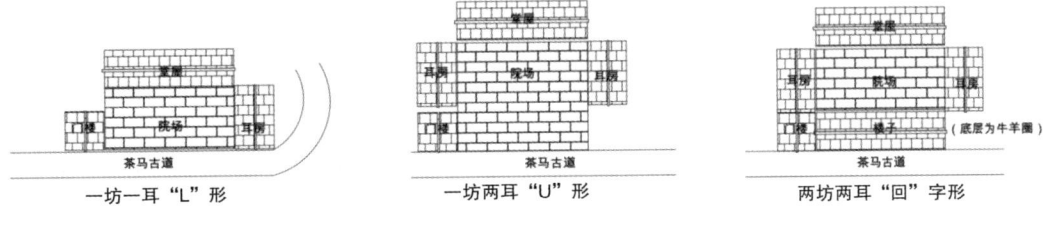

图 5-6 院落类型

在功能上,围绕火塘逐渐展开,形成了如今的空间格局(见图 5-7)。总平面屋顶与铺地填充近似,不易分辨。

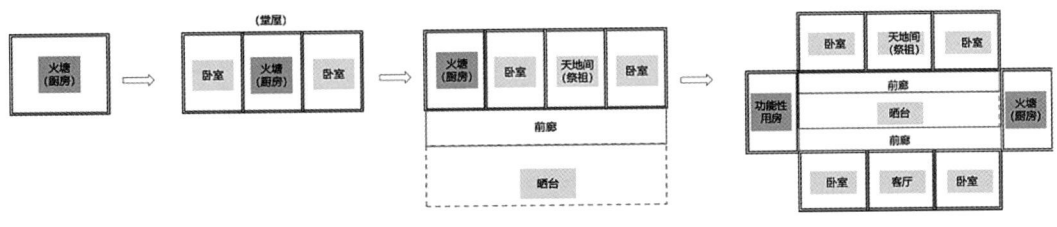

图 5-7 院落平面演变

在平面尺寸上,建筑面柱距有三种:一丈零六寸、一丈一尺六和一丈二尺六。建筑进深为九尺六,廊间距为四尺六(以当地营造尺转化为公分尺计算,一尺为 0.32 米)(见图 5-8)。

(2)建筑结构分析。塘房村建筑平面以三开间为主,中间为中格,又称为明间;两侧为边格,又称次间。堂屋前廊为厦廊(又称槛子楼),中格为祭祖的天地间,边格为卧室。楼子与堂屋布局相似,整体进深比堂屋更小,其厦廊更狭窄,被称为楼台子或走间。

塘房村民居竖向承重,多木石混用,即中格木构架,边格也有部分采用山墙承檩(见图 5-9)。在房屋的水平结构当中,塘房房屋一般在梁下增设多道穿枋,这些穿枋有的跟梁一般粗细。房屋架构出于抗震的需求,演变成箍梁型穿斗式木架构。穿斗架的枋柱拉联一般无外乎穿、插、箍三法,而叠枋式则以"挂"为主,即枋端作大头榫、二肩蹬榫等榫卯拉联柱身即柱与柱间用数道穿枋相联系。同时,箍梁型强调挂枋、梁与穿枋之间以滑头榫拉联,以箍锁保护柱头[①]。通过隔一檩立柱一棵,穿枋式木构架大大简化了出檐做法。只需将穿枋透过檐柱外伸若干尺寸,便可承挑屋檐[②]。村民结合自身的居住需要和云南地震灾害频繁的特点,大大丰富了木构架的经验。

---

① 乔迅翔:《基于演化视角的穿斗架分类研究》,载《建筑史》2019 年第 2 期,第 37-52 页。
② 刘致平:《中国建筑类型及结构》,中国建筑工业出版社 2009 年版,第 34、54-56 页。

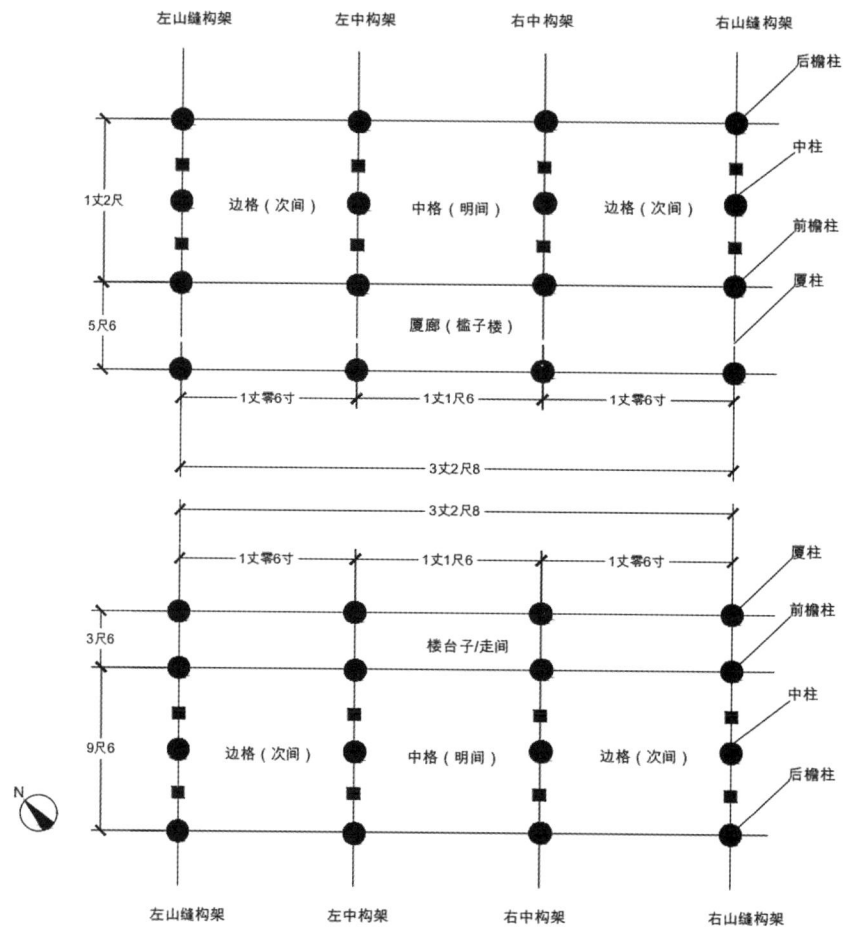

图 5-8 堂屋及楼子柱网及尺寸

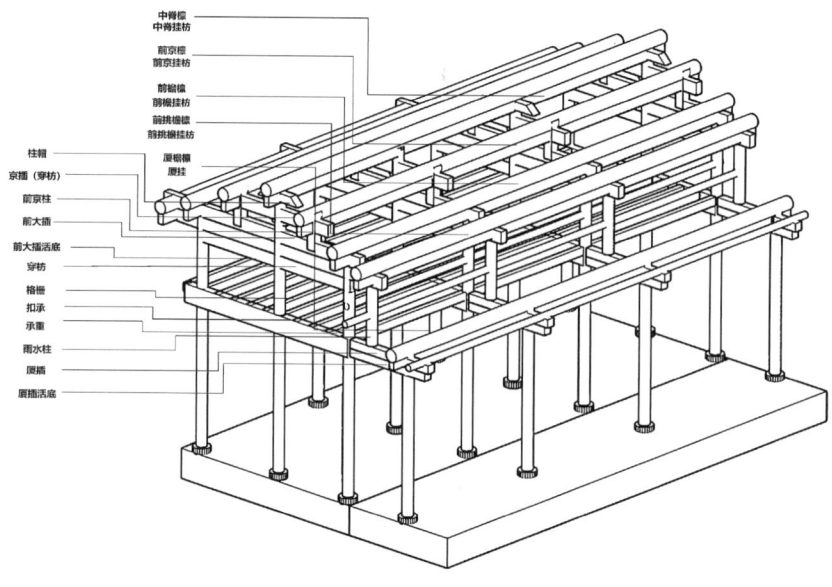

图 5-9 房屋构型

村中建筑主体正贴（中格木构架）常见有三架五桁、三架七桁或五架九桁（见图 5-10）。楼房厦面以落地廊柱的骑厦为主，厦廊是单步廊作为廊轩，廊进深较小。根据厦面结构又可分为浅骑厦或深骑厦（见图 5-11）。浅骑厦利用雨水柱与前檐柱之间的距离出挑窗台，由此形成檐下储藏空间，可用来放置不能露天晾晒的粮食。

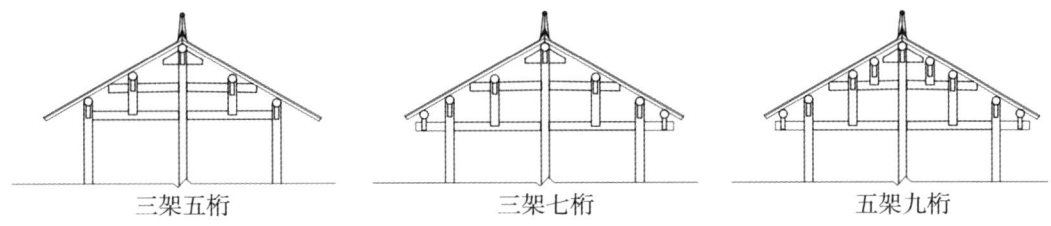

三架五桁　　　　　　三架七桁　　　　　　五架九桁

图 5-10　建筑主体框架

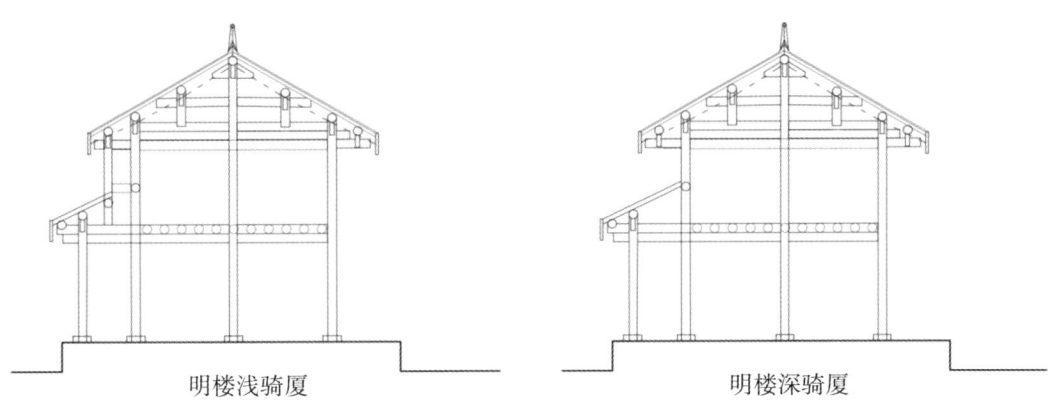

明楼浅骑厦　　　　　　　　　明楼深骑厦

图 5-11　骑厦面结合后的主体框架结构

（3）建筑构件分析。本土工匠不仅创造了多种多样的木构架形式，而且创造了一整套有利于提高建筑抗震性能的构件联结和结点处理方式，构建有特色的木构架结构（见图 5-12）。

传统大木构架是由不同构件通过测量、加工后拼接、组装而成。工匠在制作时往往给不同构件赋以不同的名称用以辨别（见表 5-1）。在进深方向中，京柱被称为"小矮人"。顶部箍住中柱起固定作用的抱梁云被称为"柱貌子"，下方组成架上梁枋的横梁而因其与中柱是插接关系被称为"插"。由此，京柱上的插名为"京插"，檐柱上的插名为"大插"，同样可根据与房屋的相对位置区分前后。紧贴京插、大插之下的，是"穿枋"或"活底"。穿枋是指通穿几根柱子的整根构件，活底是指位于底部合插中柱的梁，与插一样在中柱处断开。而小京柱采用"亲柱法"，即柱的下端与梁背紧密贴合在一起。在柱与梁咬接的位置，柱的下端制作成不同的形状，有桃心、直边、多边形的形式，小京柱较为粗壮，上细下粗。

在面阔方向，以挂枋和梁串联各榀架，靠近檐口的被称为挑檐梁，根据相对位置分为前后梁。在整体结构中，不同构件承担不同作用，即中柱、檐柱及山墙起承重作用，小京插与大插等梁结构起竖向承接作用，外有挑檐梁和桁条起纵向拉结作用。横纵组合结构中，中柱以柱帽固定，京柱与挂枋相咬合。

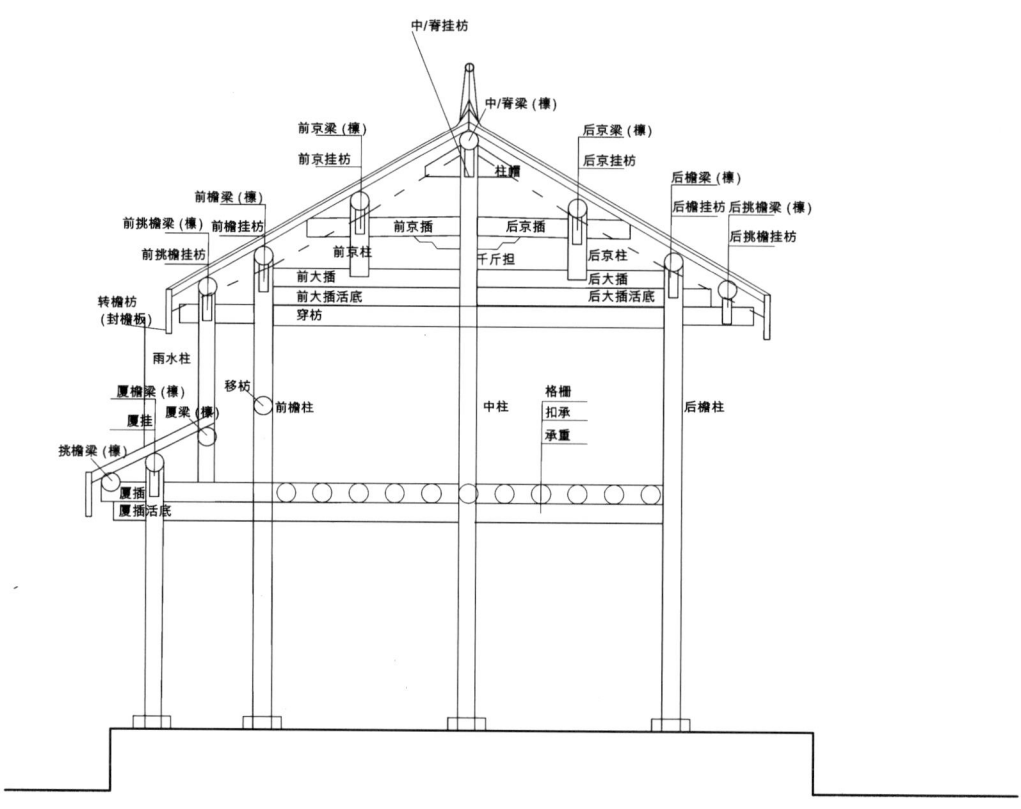

图5-12 房屋架型及构件名称

表 5-1 构件类型

构件名称	构件类型			
厦插	青龙样	龙虎样	祥云样	龙凤样
小京柱（咬接嘴形状）	桃心形	直边形	多边形	
柱础	云纹样	花纹样	字画样	

工匠对构件的口风代称能保证其快速准确地完成各类构件的处理加工和组装。而工匠对构件的不同口风表达无疑体现强烈的地域特征。对比云南两大匠系——剑川匠系、通海匠系，塘房本土匠系相似的口风表达映射了工匠技艺的互相融合和影响[①]（见表 5-2）。通过比较可见——塘房与剑川匠系构件名称更为接近，最为显著的特征是称呼檩条为"梁"。

---

① 高洁：《云南与江南传统民居大木作营造技艺的流变关系》，载《古建园林技术》2020 年第 6 期，第 52-56、67 页。

表5-2 各地构件口风对比

《营造法式》（宋）	通海匠系		剑川匠系		云南塘房本土匠系
	建水民居	通海民居	大理民居	丽江民居	
抱头梁	—	—	承带扣	三梁	柱帽/扣子
平梁	大插梁	二梁	京插	二梁	京插
四椽栿	大插梁	一梁	大插	大梁	大插
梁帽	脊瓜子	糙	千斤担	千斤担	千斤担
蜀柱（侏儒柱）	童柱	京柱	京柱	小京柱	小京柱
檐柱	井口柱	檐柱	檐柱	檐柱	檐柱
内柱	中柱	中柱	中柱	中柱	中柱
穿枋	穿枋	穿子	挂枋	挂枋	挂枋
阑额	檐口枋	檐口枋	檐挂枋	檐挂枋	前/后檐挂枋
风檐板	风檐板	遮檐板	遮檐板	遮板	转檐枋
脊槫	桁条	桁条	中梁	中梁	中梁
上平槫	桁条	桁条	檐梁	檐梁	檐梁
下平槫	桁条	桁条	京梁	京梁	京梁
柱顶石	石鼓	柱础	柱础	柱础	柱础
马步梁	马步梁	马步梁	厦插	厦承	厦插
檩条	檩条	檩条	梁	梁	梁
格栅（地栿）	楼楞	楼楞	楼楞	楼楞	楼楞

（4）榫卯结构分析。木构架各构件横纵方向通过榫卯结构（见图5-13）以箍紧、咬合、拉结的方式构成稳定的木架结构，由此达到抗震效果。

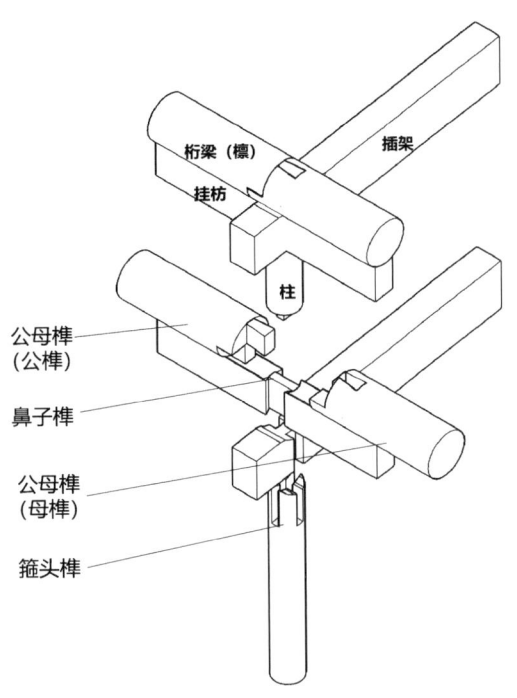

图 5-13 柱、梁、枋节点榫卯分件透视
（部分节点绘制参考马炳坚《中国古建筑木作营造技术》）

固定垂直方向的榫卯，利用重力进行固定，控制柱脚移位。固定部位最常见的为柱头，柱脚与柱础交接部位。榫卯多为柱头的冲天榫、柱脚的栽鸭眼子（见图 5-14）。

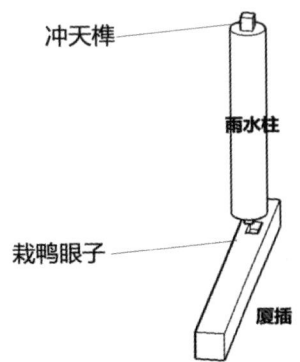

图 5-14 冲天榫、栽鸭眼子分件透视图

水平和垂直方向相交部位最常见的有柱与梁、柱与枋、柱帽、穿枋及大插、京插与京柱、中柱等的相交部位等。榫卯多用二肩蹬榫和大头榫，部分使用鸡尾榫（见图 5-15a），两插之间与京柱用滑口榫、柱与柱帽间箍头榫（见图 5-15b）提高横纵方向的拉结力和剪向力。

水平构件间的顺延衔接，多见于两梁，平板枋和平板枋、转檐枋和转檐枋之间，十字搭交。公母榫用于两梁相接、巴掌榫用于两平枋相接（见图5-15c）。

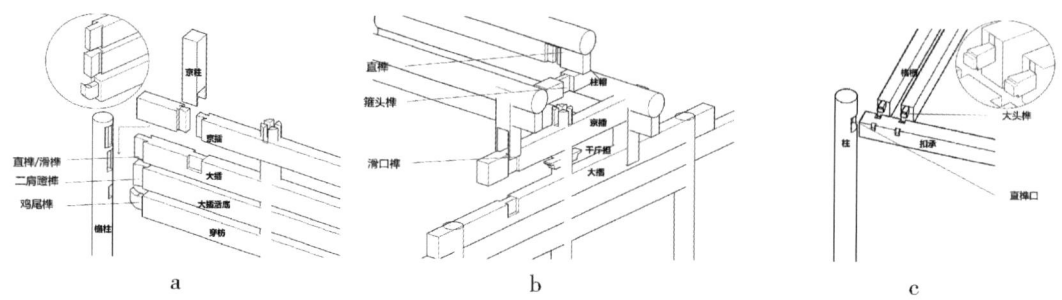

图5-15 水平垂直交接方向榫卯分件透视图

在水平或倾斜层叠构件中，两构件重叠需以上层的抓鸭榫栽入，下层的鸭子眼中，稍合连接保证两层的稳固以及水平方向不发生位移错位。构件叠交时，常见为柱与梁的桁碗（见图5-16）。

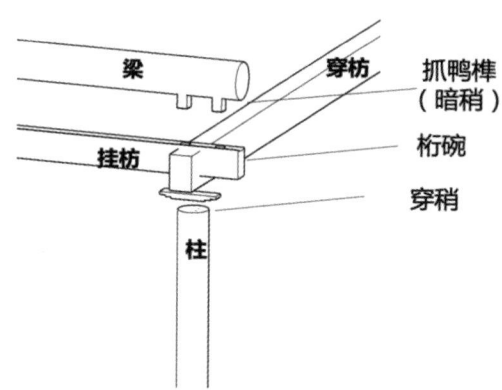

图5-16 水平层叠方向榫卯分件透视图

板缝衔接，除了胶膘或钉子连接还以榫卯衔接。多为比较轻巧的栽口榫或龙凤榫（见图5-17）。

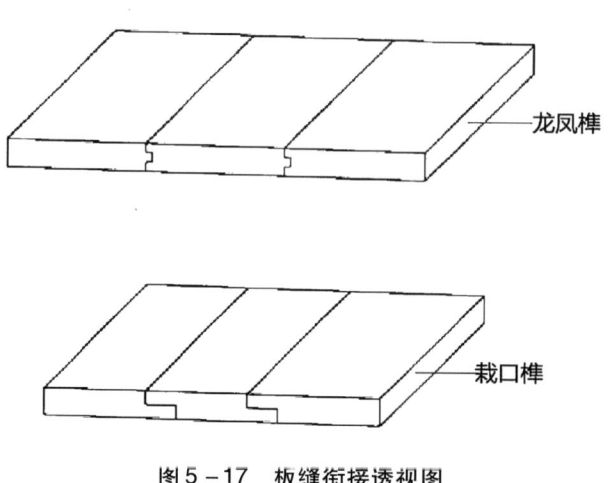

图5-17 板缝衔接透视图

二、传统民居建筑营造技艺

1. 乡土建筑营造仪式

塘房村营建仪式遵循择师相地—取材备料—圆木架马—敬神祭师—礼成校正。

（1）择师相地：新建房屋首重选址，户主先延请风水先生挑选吉地，布置房屋朝向，再抉择吉时开工。

（2）取材备料：在建设前掌墨师会根据户主要求，确定屋型构架，再估算木料，继而确定如何定样下料、如何就材配料。进而细化为要建造的新房一共要用几根柱子、几根梁头、多少方料。木料可细分为柱料、梁料及椽子料和方料、板料等，不同的料子也有详细的尺寸要求。如何在营建时合理搭配使用圆料、方料才能尽量节约用材等问题，掌墨师在下料时已经心中有数，只有如此，在施工时才能做到有计划地开锯木料，将解锯大料后剩余的料子制作成小构件或将大料准确地分解成几根小料使用，尽量避免出现多余的废料。以塘房村某家新建院落列举的木料表（见表5-3）为例，9尺6长的承重方料剩余的4尺可做两根京柱。

表5-3 塘房村新建院落木料

陶荣亮家材料采购清单					
房间名称	构件名称	构件数量（根）	构件长度（米）	断面直径（米）	构件形状
议事厅（阅览室）（双开间，顺深3米，进深5.8米）	承重枋木	3	3	约0.23×0.17（7×5寸）	方柱
	过梁	3	4	约0.23×0.17（7×5寸）	方柱
	落地柱	6	3	约0.17（稍径5寸）	方柱
	檩条	8	4	约0.13（稍径4寸）	圆柱
	格栅（楼楞）	20	3	约0.13（稍径4寸）	方柱
	椽子	54	2.4	约0.07（稍径2寸）	方柱
	楼板	1	约1.99×0.09（长6尺×宽3寸）	约0.03（厚1寸）	方形

续上表

陶荣亮家材料采购清单					
房间名称	构件名称	构件数量（根）	构件长度（米）	断面直径（米）	构件形状
通廊（开间+过厅）	短柱	5	约2.53（含高差下欠深度）（7尺6寸）	约0.17（稍径5寸）	方柱
	长柱	7	约4（含高差下欠深度）（1丈2尺）	约0.17（稍径5寸）	方柱
	檩条	10	4	约0.13（稍径4寸）	圆柱
	格栅（楼楞）	10	4	约0.13（稍径4寸）	方柱
	椽子	60	约3.33（1丈）	约0.7（稍径2寸）	方柱
	封檐板	10（块）	40（4米/块）	长0.13×宽0.08×厚0.04	方柱

石头房的建筑材料均直接取自周边山林与石场，建筑表面不加修饰，直接与当地自然融合在一起。乡土建筑在顺应地域环境过程中基于材料特性形成了较为完备的选材经验，如遵循"七月砍竹、八月取木"的时序传统，木材选用讲究"同材同质"等原则，体现"就地取材、物尽其用"的生态智慧。见表5-4。

表5-4 塘房石头房备料、取材经验

材料种类	选材	应用部位	备材、加工、处理	选材要求及习俗
木	云南松（当地又称飞松、青松）	檩条、挂枋、梁、柱	（1）备料：非特定月份的材料需提前半年到一年备材并阴干。八、九月的木材砍下即用。（2）加工：木料进行砍皮、抛光	1. 备料习俗：（1）七月砍竹八月取木，月初取材。此时雨少，保证木材质地较硬并且较少有虫蛀（2）云南松木结较小、油质较多、木质坚硬较难加工，常用作受力构件。云杉防腐性较好，易加工不易掉色，常用在楼板等处（3）柱梁大木结构最好用同一种木材，且挑选木材宜笔直不弯
	松南樟（当地又称蕨裂树）	楼板、扣承		
		窗框		
	云杉（当地又称刻松、池松）	椽子、桁条、封檐板（又称转檐枋）、墙板壁		

续上表

材料种类	选材	应用部位	备材、加工、处理	选材要求及习俗
石头	麻布石	外墙		
石板	页层岩	屋顶	(1) 开凿石板，厚薄大小需均匀，不能开裂 (2) 厚薄 2～3 毫米。直径大小最大不超约 50 厘米，最小不超过约 30 厘米	(1) 需要定时更换，避免老旧的石板裂缝漏雨 (2) 页岩致密，硬度低，表面光泽暗淡。含有机质的呈灰黑、黑色。选材以硬度较好的青白色较佳。暴晒暴雨之下石板会破裂，重修需要从头开始叠压

（3）圆木架马：开工前制作木马（见图 5-18）。利用木马锯出圆木片，用木片举行"送木气"仪式。

图 5-18 自制木马（架子）

（4）敬神祭师：在基本完成大木构件制作、拼逗后，上中架大梁需请掌墨师举行仪式。户主请风水先生挑好吉日后，邀请全村协助一同立木安装。在各榀大木架安装完毕后举行"上红梁"仪式。即上梁前需祭柱、上香、贴对联（见图 5-19）。上梁时，大梁漆上红色后进行祭拜，由掌墨师进行梁柱开光，用公鸡鸡冠上的血为各梁和柱点血并大声念祝词。上梁后需"破五方"，即掌墨师在屋顶上向东、西、南、北、中五个方位按顺序分别抛撒苞谷、茶、黄豆、米、银子（现为硬币），象征五谷丰登与驱邪纳福，最后撒下一筐粑粑，村民争抢祭品以承接吉兆祈求庇佑。最后户主将祭品运送到掌墨师家中以表达感谢，并由户主宴请上梁出力的村民们。仪式完毕，大梁安装到位，象征着整个房屋架构的落成。仪式流程与白族聚落"竖屋礼"高度相似，也印证了区域文化的交融性。

图5-19　上红梁仪式

（5）礼成校正：木架架设完毕后，需对其进行垂直和水平方向校正。垂直方向上主要检查柱子的平直度，先用铅锤吊直对齐竖柱中线，用锤子将柱子两侧敲直。水平方向上主要检查木架高度以保证枋和梁的水平。对齐水平方向的柱脚线与柱础位置，用水管校验水平线的平整度。如果高于水平线，则挖走柱础底部泥巴。若低于水平线，则用石头垫高至与水平线同高。以此保证穿枋结构中各柱间距合理性。最后校正榫口卯合稳定性。若柱间距过宽，在榫口处垫上木片，用锤子敲实使两柱向内收分。若柱间距过窄，用锤子凿宽榫口再调整距离。完成校正后，用二马架固定大插，用牛拨桩固定柱子，墙体与屋面完工后可拆除。

2. 乡土建筑建设程式

根据访谈结果，石头房的营造流程主要分为以下七步：地基施工、房屋制架、屋面铺设、墙体垒砌、门窗安装、平整地面、大门建造。

（1）地基施工。地基施工主要包括找方、找平、放线挖、垒砌、回填、夯土等步骤。户主粗略平整地基后，掌墨师放线决定房屋面积大小。接着用"水鸭子"（即细水管）找平，拉直水管两端放平，内灌有水，水面水平后方可。在地坪上垒砌一层地脚槽（当地称拦槛），回填素土，用木板石锤夯实地脚，重复步骤至台基至二、三尺（0.6～0.7米）高。

平整用地后，根据开间的格间大小放置柱础石。建设完工后将台基用混凝土封层并用石头砌筑一蹬至两蹬台阶，台阶踏步高度约为30厘米，宽度为30～40厘米。

（2）房屋制架。大木制作工具可分为两类：传统工具，锯、斧子等用以解木，扁铲、凿子、锤子用以穿剔（钻凿），刨子、锛子等用以平木，套榫板用以辅助加工榫口；现代工具，常用的有电锯、电刨、跑车、立刨、电钻等（部分见图5-20）。

图5-20　木作工具

制架前需对备料再进行细加工，由掌墨师画墨线（见图5-21）。将木料细加工为方料、圆料、板料后，再用套榫板画榫口并凿榫。秉承着"大木不离中"的原则画线，确保构件尺寸精确。

制架流程包括立柱、穿架、立架、上梁、装楪、钉椽等步骤。立柱时，在柱础平面打上"鸡窝石"，将三架落地柱（即中柱、前后檐柱）分别固定在柱础上。穿架顺序先后有别，在横向结构上穿承重，再立厦柱，穿上厦插和厦插活底后，上立雨水柱，由此确定一层和二层层高。用矮人卡住大插和京插间距再分别穿上前后的大插和京插。立架先立中架，后立山架。上梁将在纵向结构上用挂枋和梁将各品架串联。将扣承与承重卡上，安装楼楞后再装楪（即楼板）。

最后将椽子一段钉在檩条上，另一段弹上墨线砍掉多余的出头后钉上转檐枋。

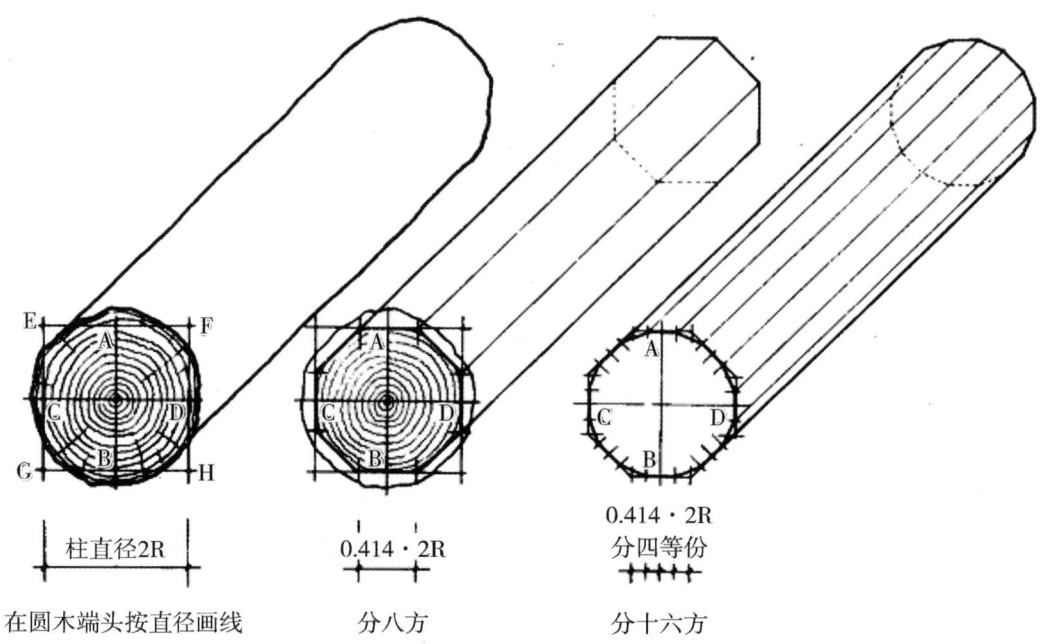

图 5-21 墨线分型
(引自马炳坚《中国古建筑木作营造技术》)

（3）屋面铺设。屋顶多为悬山顶。铺设时不设望板，不铺草垫，直接在椽上按鱼鳞状铺石板，同时选择较细的椽和檩，使屋顶整体重量更轻，防震性能更佳。石板由当地所产的千页层岩加工而成，每块最重有百斤，质地坚硬，抗冻防潮，且疏水性更佳。

铺设方法：铺设时石板从屋檐自下而上层层排列、块块叠压、至脊而收。通常选择较为规整的一边进行拼接，必要时会在单边打孔用钉子固定，石板间层叠覆盖（见图 5-22）。

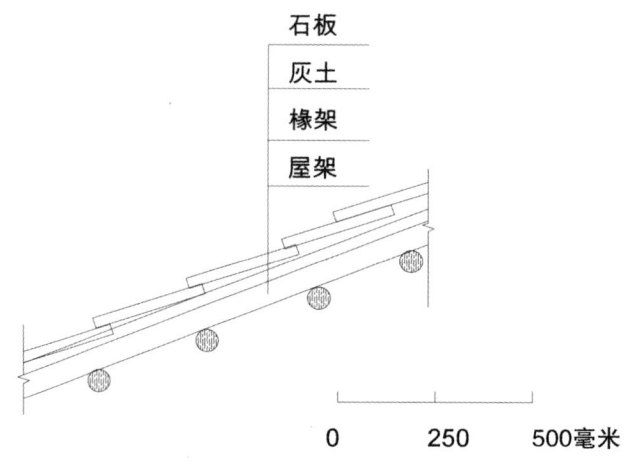

图 5-22 屋顶铺设构造

层脊构造：屋顶一般由原来的石板拼接，屋脊需要"顶拢"，即用两层瓦片同向交错压缝叠加，上面再用筒瓦覆盖。屋脊起翘一定角度，大多叠加瓦片呈船形。按照"三筒七瓦"的方式层叠形成屋脊（见图 5-23）。

图 5-23　屋脊铺设形式

为了应对塘房旱雨分明的气候，房屋在排水防雨功能上有对应的建造策略。部分房屋还会加上"船头（勾头）"，用来装饰、排水、避雨。同时，部分采用层岩制成"避雨石"，对挑出的檩头加以封护（又称博风头或博风钉），具有支撑屋面瓦垄不下坠、透风和防止雨水腐蚀的作用（见图 5-24）。

图 5-24　避雨石

工匠称屋面排水形式为"分水"。若举高（檩提高的高度）与步距（檩条之间的水平投影）的比为0.5，则称为五分水。屋顶起坡方式以等坡为主，即由屋檐到屋脊的坡度一致为直线型，这种方式又可称为"竹竿水"，缓度可分为三分水、四分水和五分水，坡度选择以四分半水为主，太高影响美观、增加建设难度、导致屋面石板滑落，太低则排水不畅。屋面通过硬山搁檩，屋檐石板挑出约30厘米，下设挡风檐板（见图 5-25）。三开间中格不变，边格山架檐口角柱依次升高两寸，又称"升起"。

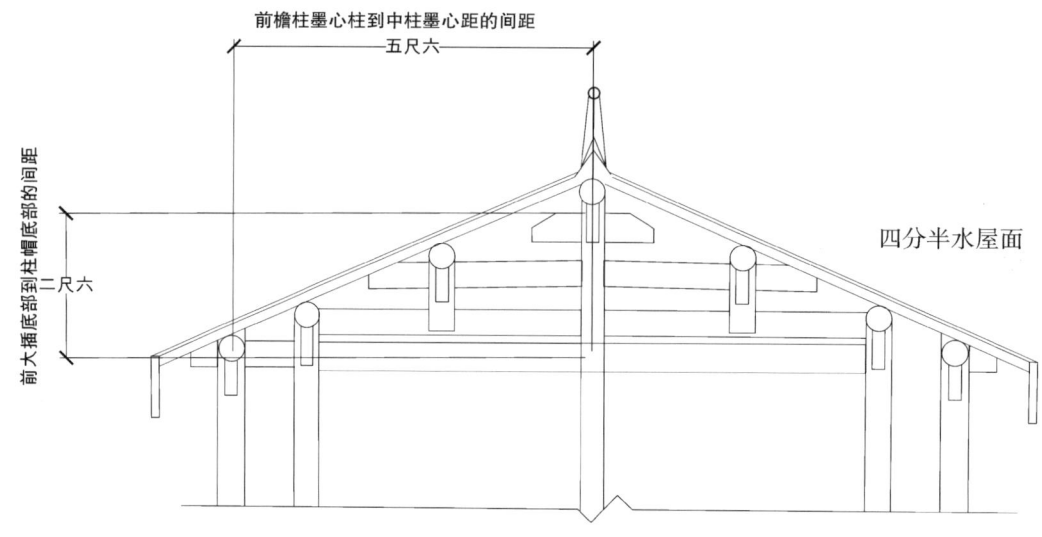

图 5-25 屋面分水图

（4）墙体垒砌。民居建筑立面信息丰富，肌理纹路材料多样。砌筑材料上，所用石块台基与墙体均以当地麻布石为主，近年新建的建筑有的使用了少量青砖。类型可以分为面石、角石和垫石。面石体积较大，切面平整，是墙体主要部分。角石四边规整，用于墙体转角处。垫石体积小形状较不规则，用于面石之间填补缝隙。堆砌时基本遵循"三顺一丁"结构，当地叫作"扣起来"，即上下两层方向十字交错。这种排列的手法是为了最大化石头之间的摩擦力并且使石头咬合紧密，以保证留缝少且缝隙小。在砌筑时候，每搭建完一巡小的垫石和碎石，就需用较大较厚的石头搭建一巡，以增加重量和接触面。通过不同形式的石料堆砌，墙体形成不同的肌理立面（见表 5-5）。

建筑墙体由山墙、内墙和后檐墙构成。垒砌较薄高度不高的院墙墙体，即选用较大的石块，石块之间根据其自然形态相互咬合，逐渐向上收分，墙体勒脚时采用干砌法。正房主墙一般用夹泥砌，在干砌法的基础上局部墙体用泥浆黏合，使石片之间更加紧密，墙体更牢固和防风防虫。一般院落的围墙、隔墙采用包心砌法，即在墙体外表先用较大的石块砌好，然后在墙体中间逐层填充细小的碎石，有时会加入泥浆以加强石粒之间的黏结性，或浇筑水泥填充。两种填充方式各有利弊：水泥填充可以保证石墙更牢固，同时可以有效防止蛇虫鼠蚁和垃圾灰尘藏匿于墙体中；碎石填充可以有效利用边角料，如果石墙拆卸更换时石块还可以重复利用。以包心砌法砌筑的墙体较厚且高度上受限制，墙体由内外两层构成的"三明治"结构，可以保证室内冬暖夏凉。

表 5-5　墙体垒砌模式

石墙组合类型分类表		
组合类型	现状图片	组合模式图
块石（角石）+ 条石（面石） （上块下片）		
土块 + 条石 （面石） （上小下大）		
石块外抹泥 涂层		
土块 + 土草层 + 条石（面石） + 块石（角石）		

（5）门窗安装。门窗为多为木质，整体色调朴实自然。传统门的尺寸是固定的，门窗尺寸需用量门尺（见图 5-26）按《鲁班经》以压白法测量出吉凶的尺寸[①]。门常见宽 3 尺 6 到 1 尺 2（约 0.4 米），高五尺六（约 1.73 米）。窗户尺寸可配合开间

---

① 国庆华：《鲁班尺与鲁班尺法的起源和用法及其门尺、门诀和门类问题》，载《建筑史学刊》2020 年第 1 卷第 1 期，第 53-66 页。

尺寸变动。

石板房内墙装修需待外墙体砌筑好后进行，经过一个雨季，待墙体沉降完全后用泥土抹灰刮平，外刷石灰浆或不抹灰保留石材自然纹理。室内小木作如门窗安装及室内木隔断同时做。石板房的内部房间分隔以及檐廊下外部隔断均采用木材隔断及木框架和页岩石板结合，其中页岩和木框架结合的隔断的防水性则好于纯木隔断，做好隔断后再于相应位置安装门窗。一般堂屋正房为双开门，门宽1.1米左右，其余房间为单开门，门宽0.7～0.9米。窗户为木窗或加玻璃，一般宽度在0.6米左右。村中常见的门窗构件有对应的名称和种类，总结可分为表5-6中的几种。

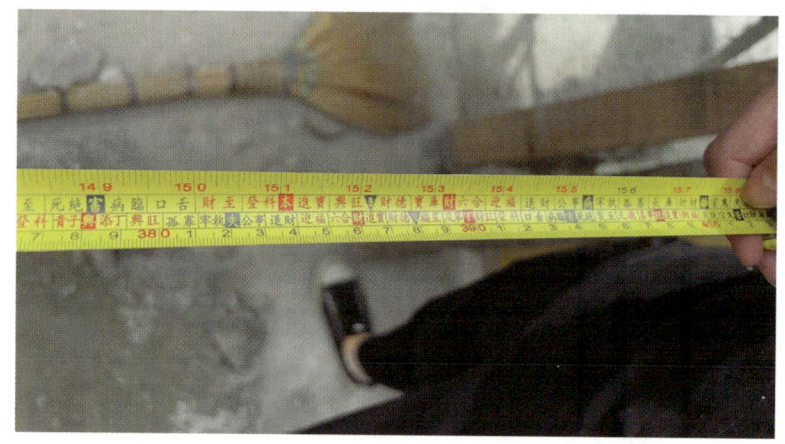

图5-26 量门尺

表5-6 门窗构件类型

木作名称	构件类型				
窗户	菊花窗（又叫三馅穿）	海棠窗	可活动窗	梅花窗	格栅窗
门	垂花门	卷刀门（堂屋正门）		卷帘门（堂屋侧门）	

(6) 平整地面。铺地是房屋建造的最终阶段,一旦完成,就可以进行最后的清理工作了。铺设地面的方式多种多样,包括使用青砖、石板或常规的石灰土进行铺设。常见的做法是,首先铺设一层大约 5 厘米厚的石灰土和公分石以确保地面平整,接着在其上铺设约 30 厘米乘以 30 厘米的方形石板,用水平仪测平,最终将混合好的石灰倒入石板间的空隙中,并将其与石板表面刮平(见图 5-27)。

图 5-27 石板墁地形式

(7) 大门建造。在大门建造上,在建房屋入户大门时,工匠会先与户主商量大致尺寸(即基本标高),再用量门尺划定具体的尺寸,量门尺旧制长 8 寸,每一寸的刻度对应着"财、病、离、义、官、劫、害、本"八个字,以"财、官、本"三个字的尺寸为吉利。量门尺的吉祥与不吉的寓意与门的标准尺寸区间(1.7~1.9 米)是一致的,但一般不取整,且尾数一般区间至六为吉。同时,门口方位一般取在西南方向,大门不与院落正门同向避免对冲,部分户主会选择加建门廊和前院空间来连接大门和院落,院落入口方向有待进一步调查统计分析。

在院落的尺度和范围上,在习俗中讲究"若要有,不离九。若要发,不离八",即通常以八、九为尺寸结尾。院落整体范围呈方正的矩形,从而维持建筑合院形制,前文建筑面阔多用"六"结尾。

第六章
传统村落共同缔造实践大家谈

本章内容

本章通过团队实践感言和师生工作日志，展现了塘房村农房改造项目的全过程。团队成员们分享了他们对于传统与现代融合、村民参与和乡村振兴的深刻见解。日志记录了从前期研究、现场调查到具体改造实施的每一步，反映了团队在面对挑战时的思考和成长。通过共同缔造的模式，团队与村民、工匠和政府紧密合作，不仅改善了农房的功能和舒适度，也增强了村民的幸福感和归属感。这一章不仅是对塘房村农房改造项目的详细记录，也是对乡村振兴实践的深刻反思。

第一节　团队实践感言

王劲（副教授、带队老师）：塘房就像漆树岩子山间的溪流，涓涓汩汩，蜿蜒至今却日渐干涸。我们既不能抽刀断水、填山移海；也不能囿于"传统"将其困为一潭死水。必须投身其中，溯流而上，寻到蕴藏其间的真正"传统智慧"，源头既清，则波澜自阔。

刘灿（高级工程师、校外指导老师）：传统村落不是"老古董"，要活化传承并不断发展。在塘房的改造中所做的所有努力都是在延续传统根脉的基础上，满足现代生活需求。

吴昕晖（博士后）：塘房是个出世又入世的地方，在出世的山村，和村民一起做入世的事情，劳作与建设，与过去一起抵达未来。

李筠筠（高级工程师、博士研究生、课程助教）：传统和现代并不是非此即彼的，村落里每一个人和鲜活生活即是过去和未来的联结，我们要让这些人和生活被看见。

龙晔（博士研究生、课程助教）：一直觉得只为保留"美"而使村民远离现代化是自私的，希望通过我们的努力使村民们能够过上便捷和美好的生活,让阳光照进塘房每一个人的心里。

李晓盈(硕士研究生):我相信随着塘房共同缔造模式下农房改造试点工作的推进,村民和游客会更加了解我们的工作,我们会收到越来越多的认可。

邓鑫(硕士研究生):我们来此,不只是为了改造传统农房,而是要用我们的力量,去团结每一个努力生活的塘房村村民,与他们一道,共同缔造出通往新时代美好生活的"茶马古道"。

侯先昱(硕士研究生):塘房村农房改造的过程是传统村落动态保护与发展的过程,一方面以农房内部功能现代化为抓手,引导村民生活习惯的现代化;另一方面以"修旧如旧"为设计要点,赓续建筑肌理。

谭舒颖(硕士研究生):塘房村保留着"世外桃源"般"传统"的人居环境和社会关系,我们在这里体验着、感动着,也在努力学习着、探索着农房及村落传统与现代融合的有序"渐变"。

莫樊(硕士研究生):塘房村的每一个村民都很热爱生活,希望能够通过一个小小的客厅改造,给他们的生活增添更多的快乐与美。

王茗盟（硕士研究生）：在塘房，一栋栋"石头房"承载着村民们对美好生活的向往，农房改造如同窗口，我们从这里感受着塘房的过去，体会着塘房的现在，也从这里畅想着塘房的未来。

潘沐哲（硕士研究生）：农房是村民安居乐业的根基，塘房实践以农房改造为切入点，在解决村民"急难愁盼"问题的同时，也让村民置身其中，探索出了一条将传统与现代化融合的乡村建设道路。

刘光泽（硕士研究生）：在塘房的改造工作中，我们对保护、发展和社区参与有了更多的经验和思考，改善村民的生活条件和增强可持续性是一个充满挑战的过程，也是我们不断追求的目标。

闫柯如（硕士研究生）：希望通过我们的努力，看到塘房的美，听见每一个人的声音，让村庄不仅仅是一个住所，更是一幅色彩斑斓的画卷，每一笔都蕴含着生活的无限可能与希望。

王洋（硕士研究生）：塘房实验就是要激发普通人对于美好生活的向往，我们所做的工作是于平凡之中发现美好。我们相信真正变革性的力量并非脱胎于宏大叙事，而存在于平凡的日常生活之中。白日不到处，青春恰自来。苔花如米小，也学牡丹开。

钮建华（硕士研究生）：从最初的羞涩笑脸，到相熟后的热情寒暄，朴素的他们用勤劳的双手创造美好，在汗水与泥土的交织间，我渴望帮助他们，他们也铸就了我。

宋紫娟（本科生）：对塘房最初的印象是云雾缭绕的山和古朴厚重的石墙，现在印象最深刻的却是生活在这里的每一个鲜活立体的人和他们的故事。

华微（本科生）：塘房是一个有富有历史底蕴的村庄，它不应该在发展中被遗忘。乡村工作是一件非常有意义的事情，希望我们的努力能够让这个村庄发展得更好！

第二节 团队师生工作日志（节选）及心得体会

一、教师工作日志

王劲老师：

2023年4月30日，如果我是村里人，我会每天坐在院子里面看着这片林子这片山，想着山的那边是什么。但我现在不敢这么想，因为我知道山的那边还是山，山里人很难走出去，一旦出去了便很难再回来。见图6-1。

图 6-1 窗外山景

2023 年 5 月 4 日，在夕阳下告别，返校上课。留村的团队伙计们则继续奋斗在施工现场。每次我都由心里往外地感谢他们。无论是欢声笑语还是激烈争执，他们总能把真诚和热情传递给我，激励着我继续前行。也感谢刚获得"五一劳动奖章"的李郇教授，天天"拐骗"我下乡。乡村振兴的理论我又不太懂，唯身体力行而已。见图 6-2。

图 6-2 王劲老师在施工现场进行木作制作和搭建劳动

2023年5月20日,"520"完工第一家改造,明天我要去新厨房吃开火饭咯。前五次入村,我一直有深深的无力感,但为了鼓励小伙伴,还是引用了科恩那句歌词"there's a crack in everything, that's how the light gets in."昨天我看到户主荣朝大哥眼里开始有光,开始收拾和讲究,我意识到这些同学真的把这束光照进了村里。这一刻,他们成长为我的老师,让我明白我们的建筑设计也许有一天真的可以实现社会设计。见图6-3。

图6-3　王劲老师与同学们、户主们的互动合照

2023年5月22日,我个人并不喜欢所谓"现代与传统结合"的形式。因为在大多数"结合"中,弱势方都会沦为一种悖离建构逻辑的符号和形式(多半还是肤浅化的符号或者虚假的形式)。所以,如果要用传统元素,我希望它不只是一个符号;比如这层石板屋面,至少它还可以作为第一层防水,并和下层混凝土屋面之间形成空气层,辅助通风和保温。图6-4为客厅与厨房建设过程(含建构细节部分)。

图6-4　客厅与厨房建设过程(含建构细节部分)

美丽塘房 共同缔造

2023年5月28日，什么是一个传统村落的建筑传统？1977年陶助邦老人在村左营盘山挖出页岩始用于塘房建筑屋面，20世纪80年代包产到户带动大量伐木采石兴建宅院。恰巧是我出生这年，23岁的陶荣伟跟着来村的外地工匠边看边学，修建了自己大哥的堂屋，从此成为村中大匠。90年代开始，他包圆了村中的盖房任务，砌石技术愈发精进；2000年后达到巅峰，裸砌石墙可以达到红砖承重墙的强度。如今，他与我们一块探索如何将现代建筑逻辑和传统技艺结合，这将是时隔40年的传统延续抑或是变革。图6-5为王劲老师与工匠共同工作。

图6-5　王劲老师与工匠共同工作及制作村落变革手绘图

二、学生工作日志

1. 李筠筠的工作日志及实践感想

2023年4月30日，新的一天在"叮叮咚咚"中开启，早上11点我们正式开始现场直播。荣朝大哥家的厨房开拆，在现场检查后发现石头墙体出现倾斜，采光窗也过小。团队讨论过后决定拓宽采光窗口，重新砌筑墙体。设计的方案总在现场实施中不断修改，这也许就是驻场的特别意义。

下午跟随赵大姐去她家的茶地采茶，从村里步行大约 20 分钟才到达。茶地在坡地地形上，高大的树木遮蔽了大部分阳光，可采摘的茶叶不多。女孩子们一边和赵大姐学着如何采摘，一边听她讲起家里的故事。见图 6-6。因为奶奶的身体不好，所以赵大姐不能外出打工，在村里照顾奶奶和小儿子，这也是许多村里年轻妇女留守的主要原因——照顾一老一小。

图 6-6　与赵大姐采茶，听村里故事

2023 年 5 月 1 日，荣朝大哥一早便在火塘里升起了火，洗漱、生火、烧水、罐热水瓶、冲茶、喂牛……是他每一天的早起节律，所有的事情一步一步展开。今天开始拆厨房屋顶和砌筑石头墙。石头墙体如何砌筑，荣伟师傅不太会用语言表达，但通过观察可以发现石头大小选择和位置摆放都有讲究。师傅们从山上砍来新木材，去皮、弹墨线、平整、稍微阴干，为明天更换梁和椽子做好准备。

2023 年 5 月 2 日，对于上房揭瓦我们已经驾轻就熟，荣朝大哥家里今天更换梁和椽子，邓大哥家厨房的改造也同步开始，拆除热水器，计划拆除半面屋顶。

2023 年 5 月 3 日，塘房迎来一缕朝霞，荣朝大哥已经在院子里准备了起来。他开门迎接来开工的师傅们，协助他们搬好今日要继续更换的梁和椽子，并放置一些师傅们休息时需要的茶水和小零食。做好这些后他就前往农田耕作了。见图 6-7。在荣朝大哥劳作结束后，在闲聊当中，我们了解到了塘房村的支柱产业农业中主要的种植作物包括稻谷、玉米、小麦、薯类和豆类等粮食作物，以及油菜籽和花生等油料作物。

图6-7 荣朝大哥忙碌的一天

2023年5月4日，按照之前与云南建筑院结构总工程师梁总的讨论，邓大哥家客厅的改造所需要的钢筋等材料计划今天去采购，隔壁村工匠周师傅联系了镇上的钢材厂。晓盈跟梁总现学的施工图知识，加上本地工匠的经验技术，钢材厂老板也给予一些建议，圈梁、柱体、板筋……采用不同直径标准的材料。梁总的施工图配筋更细致，但镇上本地市场并没有那么多种类的材料，因此在现场采购时也需要应对就地调整和换材料的情况。难题都在实干中一个一个慢慢地被解决。

深夜，荣朝大哥家客厅的灯也还没有熄灭，我们也许在做着很多专业建筑师和结构工程师觉得基本、简单的事情，但是在驻村实施中就会发现，任何一件小事都不简单。见图6-8。

图6-8 同行人深夜工作赶制施工图并修改设计方案

2023年5月5日，郎嵬老师带领更多小伙伴们来到塘房，分组进行入户调研（见图6-9），完善了每一户厨房、厕所等农房建设情况以及户籍人口、家庭收入等信息的详细记录。更多的男性力量也加入农房改造的施工中，抡大锤、抬材料、帮厨做饭，安静的山村因为中山大学师生们的来到而更热闹了起来。

图6-9 小伙伴们入户深入调研

2023年5月6日，今天开始铺设荣朝大哥家的厨房地板，300多斤一块的大石板需要4个师傅合力搬运，面积大、平整的石板放在入门口的区域，较小的铺设在内部边角。每铺设一块，都要用水平仪测量一下，通过调整石板下面铺的水泥公分石调整整体坡度和平整度。石板材料宝贵，在充分利用的同时也考虑了视觉的美观。荣朝大哥的手受伤未愈，无法帮助搬运石头，但是一点一点地和水泥和抬水泥的工作他一点也没落下。当师傅们用脚压实石板时，我拍下了一张照片，取名：脚踏实地。见图6-10。

图6-10 与师傅们一同铺设地板

村里的智慧总是奇妙有趣，赵大姐在午饭时教会了我们一首本地看天气的民谣：
云往东，有雨变成风；
云往南，有雨下不完；
云往北，有雨下不得。

2023年5月7日，开始砌筑荣朝大哥家的老灶。团队的设计理念是"让光进来，让烟出去"，老灶是塘房家家户户不可缺的重要设施，灶台的砌筑是厨房改造的重点。红砖要先用清水浸润，再从外至内铺设出老灶的范围。烟道也在砌灶的过程中一层层形成，工匠师傅的技术好坏尤其体现在对烟道的设计和处理上。见图6-11。

图6-11　跟师傅们学习铺设老灶工艺

2023年5月8日，邓大哥家客厅改造今天迎来了镇工程队和村工匠们的深度合作交流。混凝土坡屋顶是村工匠不会的技术，而传统石板屋顶是镇工匠不懂的内容。定位、测量、做模板、混凝土搅拌、扎钢筋、浇筑……干货满满的一天。见图6-12、图6-13。

图6-12　跟师傅们学做混凝土坡屋顶

图 6-13　跟师傅们学浇筑混凝土

2023 年 5 月 9 日，因为需要拍摄纪录片，我在拍摄记录中特别留意工匠们的表情和动作，专注的眼神、认真的态度、相互的交流方式和学习的劲头，大家都积极地做着自己力所能及的事情。与在城市建设中见到的施工队的感觉完全不一样。在熟人社会里，以村民为主体，首先就是村民在思想意识上尽心尽力，把试点改造当作自己的事情在做，在盖自己的房子，在成就自己的幸福生活。他们的工作让我们看见了力与美的结合。

2023 年 5 月 10 日，赵大姐是农产品合作社社员之一，是我见过的最乐观、最爱笑的大姐之一，也是我遇到的最能干的大姐，家务农活、工地苦活，她样样能干，有着高超的厨艺，是个孝顺的媳妇，也是个慈爱的母亲……更是第一个主动问我能不能做些农产品合作社的人。见图 6-14。塘房资源有限，但有着城市里不可及的青山绿水，如何把青山绿水转变为金山银山才是发展的重点。

图 6-14　与赵大姐一家进行互动

邓大哥家客厅改造进入屋顶楼板架模板环节，基础的工作也不能有一丝马虎。见图 6-15。

图 6-15　跟进邓大哥家客厅的施工进度

2023 年 5 月 11 日，今天终于进行到浇筑斜坡屋顶环节，团队的每一个人都尝试了扎钢筋，看着师傅们做起来又简单又快，但轮到我们做时，实在不明白自己的手怎么能这么笨。看和实践总还是有很大差距的。但学习的过程都是快乐的，这种快乐也能感染每一个人。

2023 年 5 月 12 日，感谢中山大学校工会和校友基金会筹措资金，凤庆县鲁史镇人民政府、塘房村村民和我们研究院通过共同缔造的方式进行传统村落保护发展和农房现代化改造，互帮互助，提升人居环境，助力乡村振兴。在镇政府的组织下，今天团队终于签署了第一户村民协议，一户一策，带动了更多的村民加入。

2023 年 5 月 13 日，原计划的塘房共同缔造活动（见图 6-16）因为天气原因取消了，许多村里的孩子来了发现需要改期都很失望，在村口站着，怯怯的不敢跟我们多说话。村里的孩子也许因为大多是留守儿童，对山外的世界和人总是充满了好奇，但也十分胆怯。

图 6-16　共同缔造活动策划安排

最近村里的游客越来越多，同学们也抓紧机会宣传传统村落的保护和农房现代化改造的工作。同学们从一开始结结巴巴不好意思到现在可以向村民侃侃而谈，也是一种成长和进步。

2023年5月14日，下了一夜的雨，塘房的雨季要来了，早起发现村里的一切都笼罩在水雾里，我们只能停工等待。荣朝大哥在干农活的间隙突然回来，村里一位奶奶带着孙子来找他理发。小孩子皮，理发的过程中一直不老实，荣朝大哥却很细心地一点点弄。临走时，老奶奶跟门口的邻居打了个招呼，意思大概是：我带孙子过来理发，如果要去镇上或者找阿杰（某位村民），要收我15元呢。我回头问了一句荣朝大哥："你收钱吗？"大哥没回头，只小声说了一句："不收。"见图6-17。

图6-17 团队与村民同吃同劳动

2023年5月15—16日，因为山上下雨过于寒冷，无法洗澡，也有人感冒了，我们在15日短暂搬到了镇上住，请雷师傅带我们去周边的石头村寨看一看。发现了不同的石板材料和略有差异的村寨风貌。从整体上看，塘房算得上是传统风貌留存得最好的寨子，只是饮用水、路灯等基础设施的确还与其他村存在很大的差距。16日，天气放晴，我们欢天喜地，今天可以回村继续跟雨季抢时间，却突然被通知：进村的路塌方了。见图6-18。

图6-18 团队到周边村寨调研

美丽塘房　共同缔造

2023年5月17日，经过抢修和村民们自主搬运清理，清理出了一条刚刚够小车通行的上山的道路。荣朝大哥家的稻草漆已经刷完，焕然一新，阳光打进来，淡黄色的世界非常温暖。邓大哥家抢着时间浇筑坡屋顶，雨季一旦真正来临，将会时停时不停地下好几个月。

我们网购的太阳能灯到了，趁着天气好，跟村里的师傅们试着安装了一盏。见图6-19。由于石头外立面不规则，大家就太阳能灯的安装方式讨论了很久，师傅们和村民们也各出了些主意，最后决定增加一个木楔子，把灯嵌入石头缝，这样既不会破坏石头房，灯具也有后期再调整的余地。集体的智慧成就最好的做法。

图6-19　团队一同安装村里第一盏太阳能灯

2023年5月18日，邓大哥家的屋顶开始拆除部分模板，我们惊喜地发现，改造后的客厅出现了现代建筑和传统建筑融合的样子，正如我们的期待。荣朝大哥家的厨房今天开始进行细节上的修补和清洁，大哥像换了一个人，一直笑得合不拢嘴。见图6-20。

图6-20　户主精神面貌发生改变

2023年5月19日，越来越多村民好奇地来看邓大哥家的客厅改造（见图6-21），镂空的采光窗对他们来说陌生又新奇。许多村民以为是做了两层，没想到是一个采光，有的说喜欢，有的说不喜欢。新鲜的事物在村里并不太容易被接受。

图6-21 客厅进行内部加固改造

2023年5月20日，延期了一周的共同缔造活动（见图6-22）终于在"520"这个特别的日子跟村民们一起组织起来了。荣朝大哥早早地摆好了桌椅，还拿出了很多零食作为小朋友们的礼物。活动内容包括：

图6-22 塘房"520"共同缔造绘画活动

（1）"我的家园我来画"。小朋友们共绘塘房特色石板，画出"我"心目中的塘房村。绘画完毕后小朋友们可以将自己的作品带回家作装饰品和纪念品。

（2）"我家村史我知道"。邀请奶奶团向大家讲解村史，大家共同回想乡村记忆。

（3）"我的路灯我决定"。大家共同商议捐赠的太阳能路灯的安装位置。

（4）"我的村庄齐建设"。宣讲介绍共同缔造理念及乡村建设村规民约，美丽家乡农房改造由大家一起来建设。

老奶奶们一如既往热情高涨，说起村庄故事滔滔不绝，妇女们大多害羞地围在一起讨论和看着孩子们。没有想到很多父亲也来了，豆腐大哥平时跟我们聊天嘻嘻哈哈的，但带着儿子画画时那叫一个严肃。荣曹大哥也一改平时酒气醺醺的状态，充满关爱地站在边上看他儿子画画。我们没想到村里有那么多有绘画天分的孩子。绘画是一种跨越民族、语言和年龄的沟通方式，也是一种疗愈手段，在画里，我们能够看到乡村孩子们的内心状态。

最吸引成年人的就是对太阳能灯安装位置的讨论。豆腐大哥和荣朝大哥主动地做起了"主持人"，与自身紧密相关的事情，村民们还是非常积极的，平时不太见得到的村民也来了。这是村民的特征，也是他们参与乡村事务的传统。

活动结束后，我趁着空余时间采访了队员。我感觉到了他们的变化，这体现在他们对乡村愈加深入和独特的理解上。我们驻村已经半个月，与村民的深度交往，让我们彼此之间也了解更多。驻村和实践，是我们相互建立信任和共识的基本方法。

2023年5月21日，荣朝大哥家的厨房改造正式完成，他和我们一起邀请了工匠们、合作社的成员们和邻居朋友一起来参加开火饭。见图6-23。从广州赶过来的郎老师和王老师也如期而至。新厨房启用，荣朝大哥一直默默忙碌，但是脸上一直挂着笑容。赵大姐和虎子哥两夫妻也来帮忙。吃着同一口灶里的饭，吃出了感情，吃出了亲情，吃出了友情。我们见证了厨房从昏暗到明亮的改造，这是我们共同建设的第一个作品，也是我们在塘房村做成功的第一件事情。

图6-23　开火饭活动照以及当日村景

2023年5月22日，邓大哥家的客厅改造在有序地进行，我们的纪录片第一集正式发布。纪录片是我们这次推广宣传的新手段，也是我们整理和梳理自己工作思路和研究成果的素材。见图6-24。时代在飞速转变，除了我们在做的乡村农房现代化，我们还需要不断推动村民、村干部、镇领导等主体的现代化以及我们自己的现代化。

图6-24 试点完工照

2023年5月23日，中山大学党委书记和校长、校友一行人来到凤庆，工作团队连夜赶制的最新成果报告和展板展示在所有人面前，李郇老师、王劲老师和我代表驻场团队做了简单的介绍。见图6-25。大家的认可使我们获得另外一种满足，但同样能感受到要做的事情还太多太多……

图6-25 李郇老师、王劲老师与李筠筠博士进行汇报

2023年5月24日，我们以合作社名义购买的11盏太阳能灯到了，按照"520"那天村民们共同决定的安装点，工匠们和驻村同学们一起安装起来。照明是现代化生活的一项基本设施，虽然塘房村曾经安装了电灯，但是电费需要村民自己出资，政府也没有提供补贴。基础设施问题成为村民和政府关系中的隔阂。我们的力量是微弱的，可以做出一些改变，但是希望能找到一条路径，更好地推动政府，也推动村民们自发行动，本地问题终究需要本地人民用自己的方式解决。

2023年5月25—26日，李郇老师、陈婷婷老师到了塘房村，来看我们的工作成果，也来指引一下团队的前进方向。水始终是乡村发展必须要解决的首要问题，这是李老师最关心的事情。

2023年5月27—28日，荣伟师傅作为村里修建石头房最厉害的老工匠，带领我们从村尾走到村头，如数家珍般地介绍每一栋房子的修建历史和故事，我们这才突然发现，村里大多房子都是他的作品，平日里很少说话的荣伟师傅也有侃侃而谈的一面。工匠是乡村珍贵的资源，但是他已经没有徒弟了，所有的技艺也面临失传。村里新建的房子更愿意用钢筋混凝土，石头房的石板材料也被政府禁止开采。在这次改造中，除了一部分石板材料是村民自己平时存下的，大多是从周边购买的二手石板，质量良莠不齐，价格还比较昂贵，一车6000斤左右的石板大约4000元，正常一间正房屋顶的石板需要花费10000多元，这对本不富裕的塘房人家来说无疑是一个巨大的负担。因此，没有市场需求，传统技艺的传承也面临困境。如何给传统工匠一种发展的空间，这是我在荣伟师傅脸上看到的疑问。

2023年5月29日，我们正式结束工作离开塘房。临行前，我们给村里的师傅们结算了工钱。他们说，在其他地方做工，工钱都是拖欠着的，而我们是第一次即时把钱给到了他们的手上。师傅们还用满是水泥的手在签收单上按上了手印，看到这里，我心里有种莫名的辛酸。当离村的车经过可以远眺塘房的山时，我停下回看了塘房和那一片村寨。见图6-26。有很多事情需要被记录，有很多人需要被记得，路还很长。

图6-26 回望村寨

2. 邓鑫的工作日志及实践感想

2023年4月27日,驻村学生邓鑫到达塘房,开始驻村生活。在当地镇政府的协调下,与村干部和村民协商完毕后,驻村团队选定驻村点为村口陶荣朝大哥家。我们这些驻村学生下午与陶荣朝、陶荣虎一起在镇里对农房改造的材料进行了采买和预订,为尽快开工做好准备。晚上,团队通过线上会议对后续的工作计划进行了梳理,针对白天村小组长陶荣虎提出将他算作施工人员并结算劳务费的问题,团队展开了激烈的讨论。刘灿与李郁老师认为,通过以工代赈进行适当的经济补助是可以的,毕竟塘房村村民的收入水平很低,农户在参与施工的同时牺牲了自己获得其他劳务报酬的机会,付出了劳动成本与时间成本,可以适当地进行经济补助。龙晔老师、王劲老师与李筠筠认为,这一行为违反了共同缔造的精神。村小组长是这次农房改造帮扶的三位农户之一,本就是此次参与共同缔造的利益主体,应该与其他农户互帮互助,在其他农户的农房改造过程中同工同劳,不应该再索要劳务费。最后在与村小组长进行沟通交流过后,他也理解了我们提出的理念,不再索要劳务费用,并且表示如果我们有困难会尽最大努力帮助我们。见图6-27。

图6-27 团队与镇政府、户主进行协商讨论

4月28日,这一天是正式开工的日子,8点开工,村里的工匠们7点半就已经陆陆续续来到施工点准备了起来,这种敬业精神真是值得我们年轻人学习与反思。今天的工作主要是对陶大哥家的旧厨房进行清拆,为改造做准备。见图6-28。开工后,左手受伤未愈的陶荣朝也一起加入了劳动队伍中,他虽然身体不便但是仍然尽量帮忙。他抬不了重的东西,就把所有需要拿出来的锅、碗、瓢、盆等都拿了出来,做不了木工活就在一旁清扫和烧开水,总之,他不会闲在那里看大家干活,手里总是忙个不停。一天下来,在工匠们的带领下,大家非常利索地完成了房屋的初步清拆工作,提前完成了我们预期一天半才能完成的工作。值得一提的是,尽管师傅们是按天领工钱的,但是他们并没有拖延工作时间,而是高效地进行工作,很少停下来休息,不需要被督促。

图6-28 工匠们进行清拆

4月29日,今天是团队会合的日子,上午我与陶荣朝大哥一起下山去镇里采买材料。下午2点左右,团队剩下的成员抵达了塘房村。首先对施工情况进行了考察,根据现场观察,工作队发现陶大哥家的厨房墙体过厚,原有设计方案中的窗户在实际修建的过程中开口面积太小,不能很好地引入自然光,房屋采光依旧不足。在征求工匠们以及陶大哥的意见后,团队和他们一起现场改进了施工方案,决定减少墙体厚度,并扩大开窗面积,更好地引入自然光,并拓宽厨房面积。见图6-29。

图6-29 工匠们清拆窗口和修补墙体

随后我们先去拜访了村里为数不多的老党员，邓世军的母亲，这位老奶奶20岁的时候就已经入党了，是现在村里仅有的3名党员之一。年轻时她的丈夫意外去世，她一个人撑起了家庭，含辛茹苦地把3个儿女养大；为了救自己的小孙子，她捐出了自己的一个肾；现在已经75岁的老奶奶依然很优秀、能干，每天不仅要放牛、背柴、采茶、炒茶，还要带孙子，生活虽然艰苦清贫，但老奶奶想的却是："能干多少干多少，还能干得动就多干点。"身为一名老党员，她每次都会步行很久到行政村里按时参加党会，风雨无阻。奶奶的坚强、优秀真是无愧于那颗闪耀的党徽，无愧于中国共产人的身份。在她的身上，我看到了中国劳动人民的顽强不屈，看到了一个平凡普通而又伟大的灵魂。

晚上，我们召集了工匠大叔和部分村民开会（见图6-30）。会上，我们征求了各村民对农房改造的看法和建议。村民们都说这次的农房改造和以前很不一样。从派人驻村、根据农户要求设计改造方案、积极协调各项事务等方面，他们已经切实感受到我们与以往公司项目改造者的不同。是的，我们的工作更多的不是砌砖修墙抹水泥，也不是单纯的景观改造，我们在调查阶段就征求村民的意见，询问他们是否有改造的想法。征得同意后，我们根据户主的期望、偏好设计改造方案，并在此过程中提供专业的意见，使方案更加科学可行。在施工准备阶段，我们会和工匠、农房改造户主一起讨论施工细节，确定施工方案，并且一起采买材料。施工开始后，我们会派驻团队参与施工过程，并根据施工时的现场考察，结合户主的意见，灵活地调整建设方案，最大限度地保证农房改造取得最好的效果。

图6-30　团队和村民等开会

4月30日，今天在施工的过程中发现原来的木制房梁有损坏的痕迹，所以在和师傅以及户主商量过后，决定拆除屋顶重建，更换朽坏的房梁，这样虽然加大了工程量、延长了工期，但是保证了工程的质量，也让村民们感受到我们的负责与重视。晚上，我们和党员老奶奶围炉夜话，和她一起看老照片。老奶奶年轻时很漂亮，还会跳舞，在这样的大山里是很难得的事情。如果不是生活压力，老奶奶说她说不定会成为一名舞者。老奶奶眼睛不太好，干且少泪。我们问为什么，是有眼疾吗？老奶奶的回答让我们鼻头一酸：老奶奶的丈夫在她年轻时去世了，她独自一人抚养几个孩子，生活的压力让她常常哭泣，哭得太多了，泪在那段艰难的岁月里都流干了。但她从没想过轻生或者不管孩子们，"女本娇弱，为母则刚"，她擦干眼泪，背起自己的孩子，坚强地度过了那段苦难。

在那段艰苦到令我们难以想象的岁月里，老奶奶也依旧没有"亏待"国家。"有一只鸡要交半只给国家，有一口米要交一半给政府。"老奶奶说，那时候粮食产量低、畜生也不肥。她们自己都舍不得吃，但是还是会半点不少地上交给国家。那时候为了支持国家建设，农民上缴公粮给城里人吃，支持城市的发展。现在城市发展好了，吃水不能忘了挖井人，我们不能忘了养育我们的"农民伯伯"。实施乡村振兴，城市反哺农村，要让农村居民过上好日子。

5月1日，劳动节，我们在劳动中度过了一个充实的节日。除了和工匠们一起干活，我们进行了一场意义巨大的讨论会。王劲老师率先提出了问题："我们的工作意义在哪里？能真正给村民带来实质的变化吗？这项工作能够持续开展下去吗？我们选择农房改造试点的标准是什么？客观公正吗？"李筠筠师姐认为，以往我们的乡村建设忽略了对"人"的关注，政府投入人力物力支持乡村经济发展、费尽心思引入项目、掏空家底大修各种设施，各种政策、计划纷纷出台，但却不见得让我们记住了哪些"人"。阿者科计划里，除了保继刚老师、驻村学生王玄然，村民呢？没有人知道他们的名字，没有人知道他们为乡村发展付出的努力。所以这次的项目，李筠筠师姐认为要制作出一部记录"人"的宣传片，让大家知道，在乡村建设的过程中，我们如何激发村民主体的力量，如何调动他们的力量投身他们自己乡村的建设，他们又付出了怎样的努力，他们背后有着怎样的故事。

王劲老师说："感觉这个村的人失去了生活的希望，都很麻木，不争不抢，也不敢与不公相抗争。"我觉得是有一点的，但我们可以成为一束照进塘房村的光，给他们带来希望。或许因为自然条件的原因，塘房村有一点与世隔绝，生产力也不高，村民们长期生活贫困，也没有受到太多的关注。但是我们来到这里修房子，修的不仅是房子，还有村民对国家、社会的信任，对美好生活的向往。以前这里的农房维修工程或多或少都有点应付了事，并没有考虑村民的利益，也不在乎他们的意见，随便搞一下，村民们也颇有怨言，但除了无奈也无能为力。现在我们来了，通过与他们的交往、沟通，设计出满足他们需要、符合他们想法的房子，并在建设过程中不断根据实际情况进行调整，和他们一起改好房子，让他们满意，让他们看到国家、社会帮助他们的诚意，让他们觉得国家、社会没有放弃他们，仍在关心他们、关注他们，其实从心理学和教育学的角度来说，被人关注是能够给人带来力量的，就像明星之于粉丝，学生之于老师。这样的方式让山里淳朴的农民重新充满生活的希望，更加积极地面对生活。就算面对压迫、不公也要勇于反抗、申诉，这是努力生活的表现。我觉得这是我们此行的目的，也是乡村振兴的核心——"人"。外来人才的引入固然重要，本地居民的觉醒同样不可缺少。

而说到王老师所说的对农房改造试点的选择是否公平的问题。我认为对试点的选择是有我们自己的考量的。就第一期选择的三户农户而言，我认为就很科学。第一家陶荣朝大哥家是开小卖部的,家又在村口,是村里人流量最大的地方,对他家进行房屋改造会带来明显的示范效应,改好了一定是有更大的积极影响的。第二家是村里的党员老奶奶家,老奶奶在村里颇有威望,受人尊敬,她觉得满意,对我们的工作宣传有很大的帮助,可以建立村民对我们的信任,便于以后工作的开展。第三家是村小组长家,村小组长是村里的年轻干部,对村里的情况比较了解,动员群众的能力较大,有一定的影响力。所以,农房改造试点的农户基本都在村里有较强的影响力,对我们工作成果的宣传能够起到扩散效应,有利于工作的可持续开展,符合我们改造农房的要求。我觉得,这样既帮助了村庄,又能够扩大工作成效,这就是"公平"。

5月2—4日,5月2日我们开启了党员老奶奶家的客厅改造项目,根据户主的要求,我们对原有的方案进行了修改。但是改变后的设计方案增加了我们的工作量,原本只用拆除部分原来的房屋现在必须基本全部拆除,并改用一种全新的方案来修筑房屋,由于我们的设计新颖、施工难度大,如何在设计中调和风貌与结构的矛盾是一大难点。见图6-31。在多方商讨、研究后,我们敲定了施工方案,加大成本也要满足户主与设计师双方的要求。在讨论这些建筑领域的专业知识时,我只能在旁边尽量听,因为我不懂建筑,也给不出有用的意见,这让我有些沮丧和自我怀疑。5月4日我们下山买钢筋,现场根据建材老板的意见计算钢材用量和木材用量,我也从中学到一些建筑方面的知识。

图6-31 邓鑫协助修筑房屋的石墙部分

5月5日,今天我们发现邓世军大哥家的清拆工作进度和预期不符,但是工作人员告诉我他们人少进度快不起来,于是我打算加入他们,看看能不能提高速度,对工作进度也有个数,看看到底一天能完成多少工作,顺便考察一下工作过程中他们是否有偷懒。一天的工作下来,我考察的结果就是:他们工作态度真的有问题,工作不积极,休息次数频繁,休息时间也很长。由于是体力活,休息多一点我认为无可厚非,在和他们一起工作的过程中我也休息了好几次,但是我休息不超过五分钟就继续投入了工作。他们每次休息多则15分钟,少则10分钟左右。我希望通过我的积极工作感染他们,俗话说得好:"身先足以率人",但是我以身作则,并没有带动他们,这令我很失望,还很气愤。见图6-32。

图6-32 邓鑫积极参与客厅清拆工作

5月6日,今天团队自己做饭吃,但是做饭时有两个掌勺,这并没有带来工作效率的提高,反而让做饭时间延长了。其实做饭和给村里改造房子有相通的地方。做饭的厨房里只能有一个掌勺的,要是后厨掌勺的多了,就会七嘴八舌、意见不合,各自为了利益钩心斗角,造成不必要的损耗,降低效率。我们设计施工的时候也一样,需要征求村民的意愿,收集他们的意见,结合我们的专业知识形成科学美观的设计方案。但是在这过程中,难免会伴随着价值观不合和利益冲突,这个时候我们不能让第二个"掌勺"出现,必须有我们自己的坚持,主导工程的推进。

5月7日,由于是按天结算工资,所以清拆工作被人为放慢速度,我们解雇了一名态度消极的小工,解雇后的第二天,一个小工的工作进度比两个小工还要快,这说明我们无形之中与当地工人进行了一次"博弈"。晚上工作队和陶荣朝大哥进行了"篝火谈话"(见图6-33),知道了村里的路灯为什么不亮的原因。其实一开始是亮的,但是后来镇里不再为村里路灯的用电费用买单,村民

图6-33 团队和陶荣朝大哥进行了"篝火谈话"

们也没有集体出资的想法，电灯渐渐成为摆设。

5月9日，今天是陶荣朝大哥家厨房完工的日子，工作队和工匠们一起对厨房进行装修，粉刷墙壁以及安装电线。工作结束后，和劳动了一天的赵大姐家一起闲聊，问他们觉得这样面朝青山背朝天的日子辛苦吗，她说："我们辛苦惯了，也就觉得不太辛苦了。"

5月10日，今天团队就村里产业发展和党员奶奶陶荣珍一家商讨了合作社章程与直播带货事宜，受制于茶叶的产量和交通运输等问题，塘房的茶叶单价并不高，甚至很"轻贱"。而作为高山茶叶，其品质应该还不错，雨量与气温适宜优质茶叶的生长，但这里的种植茶并未成为给村民带来固定收入的"商品"，经济效益很低。但是每家每户又都有属于自己的茶园，虽然散落在山间，但是如果将产量集中起来，应该可以带动村产业的形成与发展，为村民增加收入。所以塘房村产业振兴的关键在于是否能够将有限的生产资料（有限的可用于农产品生产的土地、有限的水资源、有限的劳动力以及有限的发展资金）集中起来，增加特色农产品的产出，提高产品知名度与经济附加值，并成立村合作社，将产品的生产与供给结合起来，真正形成塘房村的特色产业。但是要想实现这样理想的良性发展循环，首先必须解决的就是村民的团结问题，只有团结一切可以团结的村民，才可以为生产资料的集中打下坚实的基础。

5月11日，今天团队对塘房村民家中的人居环境进行普查。调研方式主要包括照片拍摄和家庭情况访谈，拍摄内容主要包括：厕所、洗澡间、厨房、每家每户进水口、客厅、人畜分离情况、路灯、铺路、刷墙吊顶情况。家庭情况访谈主要包括：农作物种植情况（含中草药）、留家未外出务工原因、党员数量以及上一轮云南建投对村庄农房改造的情况。通过走访调查收集到的情况来看，每家每户都在牛圈、羊圈上一层建居室或者客厅，他们称呼为"楼子"。据村民介绍，这是当地的建房传统。与传统"三坊一照壁"的围院不同，这里的围院将原本设立照壁的地方建起了"楼子"，因为楼子之下用于圈养牲畜，所以楼子里的异味比较大，也未实现人畜分离。客厅和洗澡间的建设情况普遍比较好，大多数农户的客厅和洗澡间都经过了现代化改造，较为干净整洁。厕所方面，使用旱厕的情况仍然存在，但已不多见，多数农户都对厕所进行过改造，配置了抽水冲洗装置以及下水道。但是厕所的卫生情况较差，很多厕所都与牲畜圈相邻，或者就在牲畜圈内，异味很大。因为当地并未集中供应天然气或者煤气，也没有设立沼气池，所以厨房基本都是老式厨房，用柴火烧灶和电磁炉做饭，厨房内烟熏痕迹严重。云南建投第二公司基本上对每户农房都进行了墙壁刷白和吊顶安装，但是投入并不多，农房中已有吊顶的，不管新旧便不再进行吊顶的安装和更新，墙壁的粉刷主要包括正房、耳房和楼子，但不包括二楼。安装了路灯但是并未通电，成为摆设和"面子工程"。村民们种植的农作物主要是玉米和蚕豆，少数农户种植了一些中草药（黄精、重楼），但产量不高，带来的经济收益也很低。许多农户留家未外出务工，主要是因为老人年纪大了，需要有人照顾，所以留下来照顾老人，在访谈时也提出希望我们工作队可以给他们一些工作机会，大工小工都可以做，以补贴家用。

傍晚，在回驻村点的路上，刚好遇到村里的人出去放牛牧羊，成群的牛羊和穿着蓑衣的农民走在茶马古道上,构成了一副充满历史感的画面。但是美中不足的是,牛儿边走边排放的粪便打破了我的遐想,传统的畜牧活动固然是茶马古道的一大风景,但是也为茶马古道上人居环境的改善和管护带来了挑战,如何协调好传统生活方式与现代生活理念的关系,是传统村落保护与可持续发展的重点。

5月12日,下午出门进行入户调研的路上,我偶然碰见了一队来塘房观光的游客,他们从昆明来,在网上看到了美丽的鲁史古镇和塘房村的石头寨,便包车来参观。但是到了塘房之后,她们有一点失望,裸露的白色管子、电线、水泥、电箱破坏了传统村落古朴的感觉,她们认为在对村子进行现代化改造的过程中应当尽量减少对村庄传统风貌的改变,减少现代化设施裸露带来的不协调感,让村子尽量保留原始的风貌,不应该图省事方便就把电线管道随意裸露在外。舒适性和便捷性应该是房屋内部人居环境改造的重点。我向她们介绍了团队的工作重点,即在进行农房现代化改造的同时,最大限度保留当地的传统风貌,同时凝聚起村民的力量,共同推动村庄的发展。我还邀请他们参观试点改造工程,多提宝贵意见,希望他们能够帮助宣传,让更多的人关注到塘房,也请他们以后再来看看,见证茶马古道上这个美丽传统村落的保护与新生。图6-34为来塘房观光的游客们。

图6-34　来塘房观光的游客们

入户调研的过程中我们认识了一位村民,名叫毛大建。以前是快手上的一位主播,粉丝有七八万人,很擅言辞。以前给村里做过带货直播,但是由于货源问题渐渐做不下去了,还在村子门口引导过游客,当过塘房村的"导游"。但是女儿上学后,直播带来的不稳定收入无法满足家庭开销,所以又回到了靠苦力维持生计的日子。但这就是塘房村的现实情况。村庄未能凝聚起发展的合力,不能够集中村庄的优势资源发展特色产业,人力物力短缺且不能集中起来充分利用,村庄没能衍生发展的动力,乡村人才缺乏用武之地,劳动人口只能外出打工。这是村庄发展的困境,但也让我看到了、找到了我们来此工作的意义和目的。既然塘房有这样的资源、有这样的人才,那我们就应该充分利用。比如合作社成立后,我们是否可以请毛大建回来为村子的土特产直播带货,打开销路,合作社是否可以集中村民的生产力为产品销售提供稳定的货源,这样是不是就可以发展起村特色产业,帮助村民增收,同时充分发挥村子里的人才的技能。图6-35为邓鑫与毛大建一家交流互动。

图6-35　邓鑫与毛大建一家交流互动

5月13—14日，这两天我们在村口举办了共同缔造的宣传活动（见图6-36），一位村里的老奶奶对我们说："我不知道什么是共同缔造，但是你们很好，共同缔造也一定是很好的东西，很感谢你们来我们这个偏僻的地方帮助我们。"图6-37为团队进行房屋粉刷工作。村民们都很朴实，他们会听会看，分辨得清好坏，只要我们诚心做事，只要是有利于村子的事，他们都会支持。14日下起了雨，我们和陶荣朝大哥一起在火塘边取暖闲聊。从陶大哥的口中了解到了一些事情的另一面。当我们带着可得利益来到一座渴求资源的村庄时，我们就已经介入了当地的利益体系，与地方利益相关者的博弈也就开始了。

图6-36　团队进行展板宣传工作

图6-37　团队进行房屋粉刷工作

5月15—16日，连续下大雨，房屋改造工作无法正常进行，我们前往鲁史镇其他几个行政村实地访谈（见图6-38）。第一个是箐板桥村，村子里的石板屋还是比较多的，但是通过走访调查的情况来看，大多新建于近二三十年，并且与塘房村不同的是，这里的石头房除屋顶是用典型的石板加盖的外，屋墙基本采用当地山上开采的石头，并不像塘房石屋使用的石料那样平整。所以由于石料不平整，当地的房屋采用了很多的黏土来填充石头之间的空隙和高差，以达到平整、加固房屋的目的。并且箐笆桥村位于山谷中，给水充足，据说周边有七八股水源，邻近的村子很多都到他们这里引水，这和塘房的情况相反。塘房位于山脊上，水资源并不丰富，这应该是不同地形下，地表、地下径流的汇聚作用差异所造成的。第二个是石板凳村，石板凳村位于鲁史镇西南方，村内农户居住得比较分散，有一个较大的聚居点，并且海拔低于鲁史镇。这个村子类似于箐笆桥村，也是典型的石头寨，石板屋顶石头房，大多数人家都对厕所进行过改造，加装了水冲式阀门和下水道，但是都没有实现人畜分离。经济作物基本都是核桃树和玉米，但是玉米产量比较低，基本都只够自用。今年的核桃产量也很低，干旱加上日照过多，收获较少。

图6-38　团队对周边几个行政村村民进行访谈

5月17—18日，在与陶荣朝大哥不断地交流与"在地陪伴"中，见到了大哥精神状态的变化。刚来到陶大哥家里时，大哥不太爱说话，一般都是在和他一起吃饭的时候才会聊上一会儿天，从他的言辞之间我感受到厄难和不公并没有影响他的乐观，因为他从不抱怨。然而，他的眼睛里已经没有了那种对生活充满期冀的光，反而充满了无奈的认命。现在，陶大哥开始主动提出他对农房改造的想法，积极主动地清洗家具，开始与我们讨论，而不是原来的被动接受，或者那句"都可以，我无所谓"。刚来的时候，我们在他的客厅里办公，他基本不来看我们，不来关心我们在干什么，也不主动和我们聊天。现在他会经常跑过来问我们在做什么，看看我们在电脑上办公的东西，时不时还问一问、指一指，一开始不爱说话的他开始喜欢和我们说说笑笑，主动寻找话题。刚来的时候我注意到，他一个人吃饭都是饭菜煮一锅胡乱对付，他说能填饱肚子就行。现在他一个人吃饭也开始做菜，放调料，注意味道。或许他没有注意到这些改变，但是这些改变真真切切地发生在了他的身上。长期独居饱受苦难的他或许曾长期蜷缩在灰暗的角落里自我舔舐伤口，但是现在，我们看到的是他开始慢慢走出那片灰暗，拥抱希望。笑容和眼神是一个人心灵世界的映照。陶大哥的变化，展现了农房改造对"人"的刺激与影响。见图6-39。

图6-39 陶大哥和赵大姐的笑容

5月19日，今日对塘房村主要的水源地进行了定点和考察。水源地主要位于村子对面的山洼中，取水地周围基本都修建了蓄水池，用于初步沉淀山泉的杂质。从出水口看水体清澈，水源周围也无污染。

5月20日，我们组织了画板画、定路灯、聊村史的活动，和村里的小孩子们一起在石板上作画，和村里的大哥、大姐们商量决定剩下的九盏路灯安装在哪里，和老人们一起聊村子的往昔。这让山村里本是只有哞哞叮铃声的下午，久违地传来笑语欢声，男女老少陆陆续续来到村口参加我们的活动。小孩子们认真地创作着石版画，大哥大姐们严肃认真地讨论着许久未见光亮的山村夜晚应在何处被点亮，老人们的眼神里浮现起村子的往昔。这一刻，古老的塘房突然荡漾出炽热的生命力，如果你曾注视、亲历村子的改变，你一定会在此刻感觉到时间仿佛被放缓，无数的温暖和欣慰将你包围。村民不应该只是被动接受农房改造的一方，他们理应是自己美好环境和幸福生活的缔造者，他们或许没有这样的力量，但他们的内心深处一定有这样的渴望。现在，我们带来这份力量，点燃这份沉寂的欲望，与他们一起缔造这份幸福美好。图6-40为邓鑫与小朋友合影。

图 6-40　邓鑫与小朋友合影

5月21日，周日，塘房迎来了几批游客，恰巧今天陶大哥家的厨房正式竣工，我们便带游客们参观了改造完毕的新厨房和邓大哥家正在改造的客厅。许多游客看了之后都发出感叹："太好看了！你们真的很好，这样的厨房我都很想拥有一个！太美了，都想请你们帮我改一下我的厨房，哈哈哈！"还有游客说："其实大理丽江的古城古镇我们都去过很多次了，但是在我看来并不如塘房的好看，他们的很多建筑现代化的气息过于浓厚，基本上就是刻意照古建筑的模样修建的新建筑，没有历史感，只是披了一层皮。倒是塘房，基本保留了原始的建筑外观，给我的感觉很自然，不是刻意加工的，尤其是还有意外的惊喜，看到了美丽的艺术品，这也算是一个新的旅游看点啊！"

确实，很多历史古城古镇为了迎合商业化旅游开发，过度翻新、仿建古建筑，导致"修旧不如旧，新建不如新"，特别是这些旅游景点网红化后，让很多游客产生了"审美疲劳"，到哪个古城都一个样，白天青石灰墙，晚上金碧辉煌，同质化严重。

傍晚，在美丽夕阳的照耀下，在凝聚了我们近一个月汗水的美丽的厨房里，在绝美的光影绰绰中，袅袅炊烟缓缓升起，我陶醉在了这一刻时光凝滞的画卷里。"人间烟火味，最抚凡人心。"我相信，这充满烟火味的新厨房，也安抚了陶大哥饱经沧桑的心。见图6-41。

图 6-41　完工后充满烟火味的新厨房

5 月 22—23 日，这两天主要去周边的村庄采购当地的特殊建材——石板。这是一种将水层页岩粗加工后制作而成的石材。见图 6-42。

图 6-42　团队去周边的村庄采购建材

通过采购屋顶石板才知道，这种石板是当地居民重要的私有财产，并且愿意买卖的人很少，有的甚至存起来也不会买卖。石板价格也不低，并不按块卖，只按斤卖，0.20～0.30 元/斤，质量较好的石板数量很少，价格甚至高达 0.80 元/斤，可见石板在当地的重要程度。这个价格也和政府全面禁止石板开采有关。石板出产于水层页岩，这种岩石虽然并不稀有，但是在当地，制作石板只能使用人工。先要派出工匠满山遍野地寻找埋在土层下的水层页岩石料，然后根据材质判断是否可以用于加工成石板（并不是所有的水层页岩都可以用于制作石板），运气好，找到石料后，就需要雇佣工匠开采石板，时间要 7～8 天，视开采量而定。原本石板制作就不易，原料禁止开采后，石板更加稀少，导致供不应求，价格上涨。政府在对环境进行保护的同时，也应该注意当地居民的实际生活需求。当地石板屋顶平均每10年左右会更换一次，其间也会不间断单独更换损坏的屋顶石板，这就导致石板成了维护当地传统建筑风貌的重要物资，也是新建建筑的主要材料。在政府对材料来源一刀切地禁止开采后，当地许多农户没有新的石板来源，而买石板的价格太高，成本和修建平顶屋或彩钢瓦、石棉瓦屋顶比起来，难以让普通农民接受，所以只能更换屋顶样貌，导致传统风貌的破坏和消失。所以，为了更好地保护当地传统建筑风貌，政府应该在保护环境和保留特色之间寻找平衡，例如开设一个石料基地，保护性地开发当地石材，为风貌保护提供帮助。图6-43为团队采买物资完毕进行施工。

图6-43　团队采买物资完毕进行施工

5月24—25日，这两天，团队与师傅们一起，在村里安装了11盏太阳能路灯，照亮了村里的主路。见图6-44。让大家晚上也可以出门散步串门。李郁老师25日来参观了我们近一个月以来的工作成果，和村民一起会谈，对我们的工作给予了肯定。

图6-44　两位男士成为团队安装路灯的主力军

实践感想：

(1) 关于村庄可持续发展的实现路径思考：我认为我们已经有一条清晰的路径。通过这几次接待游客我了解到，凤巍高速将在两三年后开通，高速开通后，鲁史镇会承接来自大理旅游辐射区的大量游客，作为鲁史镇核心景点的塘房一定会迎来发展的绝佳契机，而我们要做的就是在这之前将塘房送上能够自我发展的通道，让塘房拥有抓住这次机遇的能力，这也是如何让塘房可持续发展的答案，还是我们这个工作如何可持续的答案。而如何让塘房抓住这次机遇，其实就是我们现在做农房改造的核心：通过物质空间的改造，不断激发当地居民自我发展的意识，但是如何激发是研究的核心命题。这段时间以来我的体会是：我们通过不断地询问村民意见、启发想法，并且最终在我们的帮助下实现这些想法，以此来激发他们发展的动力和意识。将美好和理想变为现实能给人莫大的希望和激情，并且人是贪婪的动物，好了之后会想更好，我们通过这种方式改好了一栋农房，户主可能就会不断地产生对自己生活环境进行美化改造的想法，而为了实现这样的想法，他可能会不断努力地积累资粮，最终实现自我发展。同样，这个过程也是现代化生活理念不断深入的过程，最终会实现物质空间与精神空间现代化。当然，这是一个理想化的途径，并且接下来由点及面的扩散过程充满了不确定性，但是我们通过对村庄核心功能的塑造和改造（例如合作社、小卖部、农家乐和村史馆），首先让一部分人实现这样的转变后，接待游客所带来的收益会使接受改造的农户进入正向发展的良性循环，而其他没有进行农房改造的村民看到这样良好的改变所带来的收益，可能也会主动产生改变自己的生活环境的想法，不管目的是能够在村庄的发展中实现自家收入的增长还是其他的，最终都会走上自我发展的道路。在这个过程中，村庄吸引游客的能力也会不断增强，最终实现个体改造—村庄发展的良性循环。这就是我对如何激发当地居民自我发展的意识的一些思考，也是我所设想的将塘房送上能够自我发展通道的路径，但是要将文中那些"可能"拿掉，还需要不断地实践与研究，也需要更多主体的力量（例如旅游研究者）。最终塘房是否能够实现理想的发展路径，我认为很重要但是不必过度担忧，因为事物的发展总是充满了偶然性与必然性。或许最终塘房能够成功塑造自我发展能力，但可能并不能够成为一个普适性的村庄发展案例，又或许最终没能够实现我们的设想，但是不论成功与否，我们在实践过程中积累的宝贵经验、乡村工作人才和影响，一定能够成为实现乡村振兴这条雄关漫道上的宝贵资源。

(2) 乡村建设中物质现代化与"人"的现代化的统一问题：乡村振兴里对人的关注大多分为两个方面，一方面是人才的引进，例如"乡绅""乡贤"和人才下乡，这里关注的是乡村人才的"增量"；另一方面是对本地居民发展意识的刺激和引导，其实就是对本地"人才"的发掘和培养。见图6-45。我认为后者是我们进行物质空间营造——农房改造的最终目的：刺激本地居民意识的觉醒，唤醒他们追求美好生活的自信心，给予他们发展的希望，并且不遗余力地帮助他们。通过走访调研来看，其实实现乡村人才引进的"增量"增长并不容易，当前阶段乡村对人才的吸引力还很弱。既然乡村人才"增量"不易，那么可以将目光转向对"存量"的刺激与引导。乡村振兴首要的任务还是实现"人"的发展，这样乡村建设才是可持续的，乡村在未来才能真正实现振兴。

图6-45　发掘和培养本地能人

（3）对物质空间改造的认知变化：在我看来，农房改造是为了与村民产生羁绊，是以农房建设为媒介，让研究团队可以名正言顺地、受到较小阻力地嵌入村庄的发展中，构建村民与研究团队的联系。至于陶荣朝大哥家的厨房改造可以为我们的工作和研究起到什么样的作用，我觉得有一个理想的发展路径可以解释这个问题。在陶荣朝大哥家的厨房整改完毕后，我们可以时常督促陶大哥对厨房进行清洁维护，从我驻场的这几天来看，陶大哥不常对厨房进行卫生清扫，原来的厨房和房间整洁度比较差。这样做的目的有两个：一是通过督促维护好我们的建设成果，也能在一定程度上帮陶大哥逐渐养成定期打扫卫生的好习惯，转变他的生活观念。二是陶大哥长期独居，生活比较孤独，我们和他打电话可以慰问和关心他，让他觉得有人关心他、记挂他，他会感觉到很温暖。有时候陌生人的关注更能带给人温暖，久而久之，我们就会和大哥成为朋友。陶大哥长期独自一人生活，其实我觉得他是很孤独的，虽然他很乐观开朗，但我能明显感受到从刚开始我们来的时候到现在研究团队住在他家，他发生的变化。他更爱笑了，更爱说话了，一开始他不太爱和我们聊天，现在也慢慢地爱和我们聊天了，整个人比几天前我刚见到他时，更有生命力了。我认为是我们给他带来了变化，让他寂冷的庭院有了人气，让他有了可以说话交流的"家人"，让他的生活多了一分色彩。图6-46为团队与陶大哥的温暖互动。

图 6-46　团队与陶大哥的温暖互动

（4）关于乡村能人的教育和培养（见图 6-47）：通过调研，我的明显感受是，小组长陶荣虎作为这个偏远乡村里唯一的"乡村代表"，他能够有效组织村民进行集体行动，例如每周的环境清扫、节日集体活动等，也能够在外部力量介入时，成为"谈判代表"，为自己的村庄争取有限的发展资源，并且能够拥有相当分量的话语权将村庄与外来力量进行桥接与整合。由于村庄原子化严重，基本没有集体行动能力，行政干预力量也因地理因素而无法有效发挥。在没有力量有效整合村庄内外部资源的情况下，村小组长陶荣虎应该是目前村治发展的"有效解"，尽管他素质不高、能力有限且群众基础不足，但如何加强对他的培养、教育应该是推动此类农村发展的关注重点，且对于偏远地区的乡村建设具有重要的借鉴意义。不论是在国家行政管理力量较强的粤东粤西农村，还是在国家力量缺失的云南偏远山区农村，村庄在缺失有效的集体行动组织力的情况下，村庄干部或者村治能人是带领村庄走出传统路径依赖的必要主体。

a.与村小组长交涉

b.与工匠乡贤交流

图 6-47　团队积极介入乡村能人的教育和培养过程

（5）如何坚持自身的理念，平衡地方需求与专业知识的关系（见图6-48）：这是每一个从事乡村工作的人所必须面临的难题。回想起在塘房的深夜讨论会，建筑师出身的王劲老师考虑最多的是村落整体景观的协调和建筑的美观，以及在这一过程中如何实现自己秉持的设计理念；身为初出茅庐的人文地理专业学生，配合刚学来的一点乡村社会学知识，站在村民利益的角度（我认为他们的需求没有得到保证）对王老师的想法提出质疑；旅游地理学专业的翁老师在面临塘房发展问题上，提出现阶段村子应该更多地将资源投到保护建筑和营造公共空间上，而不是政府所期待的发展旅游业、建民宿等项目上。每个人都有不同的观念和需求，设计师们有要实现的理念，政府有产生经营性收益的目的，村民需要美观实用的房子。但好在中国的农村具有惊人的包容性，它总能够在有心者的不断努力下实现它所期望的目的。塘房的乡村风貌变得更加协调，村民的生活理念得到转变，村民开始转变对政府的态度以及政府开始在营利性建设与公益性建设的谈判中松口。这或许只是开始，但就像这些长期从事乡村建设的学者、设计师们说的一样：用心做，不要怕。

图6-48　地方需求与专业知识在多方交流中碰撞

（6）乡村建设过程中的"引智驻乡"与"在地成长"：在乡村建设中，很多人不只是一名建筑师或者规划师，他们承担了很多角色，而需要学习不同领域的知识。乡村问题，不是一个机构、一个专业的问题，需要多专业协同、多机构合作才能做好。在塘房村农房改造的过程中，各位老师通过乡村公益调动高校、社会以及政府资源精准投入乡村建设，"引智驻乡"，筹集活动资金（见图6-49），并且承担了主要的建筑设计工作，将学校的学生带到乡村实践中去，让他们"在地成长"。在该过程中，他们不仅是建筑师、设计师、老师、志愿者，更是"调度员"，协调团队、当地政府以及村民等各方主体有序配合，促进工作良好开展。在这个过程中，下乡学生也有了长足的进步，不仅深化了对共同缔造理念的认识，亲身参与乡村建设实践，在实践中检验和思考所学所想，并且培养了多方面的专业素质，学会了统筹项目进展以及部分建筑设计技术。

图6-49 学生们"在地成长"与专业人士"引智驻乡"共同合作

3. 李晓盈的工作日志及实践感想

2023年5月1日,经过两天的黑色油污石墙和朽坏的梁柱清拆,两天的石墙砌筑,固定好木直棱窗和排烟烟囱,基本的采光和排烟建筑功能已经确定,此时房屋结构已经初见雏形。而我们在塘房学盖房行动也初见成效,这天一早跟着师傅们一起,"从头"开始学建房。师傅们用废弃木条和石片堆砌,搭了简易的脚手架后,就敏捷地先后上了房顶拆卸石板。只见师傅们至上往下开始拆,三五下就撬开钉石板的钉子,按照叠放顺序一片片地取下石板。完成石板拆卸后,师傅们在王老师的建议下更换了腐坏的椽子和檠柱,保证了结构的稳固。这边大工师傅们换石板、改椽子,干得热火朝天。细工师傅陶银邦也没有闲着,一直在忙着制作新的梁柱和椽子用以更换。我们跟着师傅从选材做起,陪同师傅们从山上搬下木材。石板檩条、椽子和柱子的选材以漆树岩子山的云南松、华山松、麻栎(多用作柱子)木材为佳。因为松木木材质量优良,富含油脂,有一定防潮防腐作用。接着,由大工根据房屋梁柱间距确定木料大致的长短,墨斗画线后再用锯子切割。随后用斧头削去大部分松树皮,再用木刨去皮、修形和抛光。最后用墨斗在原木上画出榫卯接口的精确位置,切割出接口。见图6-50。

图6-50 团队学做木作活

完成了木匠工艺后,我们还学习了砌墙工艺。用面石、角石和垫石搭建外层,里层可以用水泥浇筑或者直接用碎石填缝。两种填充方式各有利弊：水泥填充可以保证外墙美观，无水泥黏合的痕迹，同时可以有效防止蛇虫鼠蚁和垃圾灰尘藏匿于墙体中；碎石填充可以有效利用边角料，如果石墙拆卸更换时石块还可以重复利用，整个外墙作为"冷墙"，墙体由内外两层构成，可以有效隔绝室外空气，保证室内冬暖夏凉。而面石、角石和垫石的堆砌基本遵循"丁榫"结构，当地叫作"扣起来"，即上下两层方向十字交错。这种排列的手法是为了最大化石头之间的摩擦力并且使石头咬合紧密，以保证留缝少且缝隙小。在砌筑的时候，每搭建完一巡小的垫石和碎石，就需用较大较厚的石头搭建一巡，以增加重量和接触面。见图6-51。

图6-51　工作组"从头"开始学木作活

除了学习建房工艺，在生活上我们也逐渐适应了塘房"十二时辰"和塘房节奏。见图6-52。早上跟随荣朝大哥早起在火堂烤火烧水，和师傅们喝上一杯暖暖的"百抖茶"或白开水，闲聊一下家常后便开始一天的工作。临近中午的时候，牛羊群的脚步声伴随着牧牛羊人的聊天声和欢声笑语总能从村口处飘进屋内，如果我们幸运，在门口水池处还能逮到喝水落单的牛羊，摸上两把他们光滑的皮毛。中午短暂休整后，师傅们便马不停蹄地开工，一直工作到晚上7点。之后团队便前往邓大哥家吃晚饭，闲聊休息后便回荣朝大哥家洗漱和整理资料。

图6-52　团队适应塘房日常生活

2023年5月6日，今天红塘的小伙伴们也来到塘房进行调研，大部队集合！大家深入塘房村每一户进行房屋情况和人居环境的问卷调研（见图6-53）。大家根据分区和标号进行建筑普查，将房前屋后的建筑立面风貌，屋内的厕所、厨房、牛羊圈和房屋吊顶等照片上传到"村景拍拍"。入户调研中，我们对村民的收入来源和收入数据、耕地占有量、用电情况、垃圾分类情况等多项情况进行排查汇总，大家不再停留于"塘房有着美丽的风景"这一浅表的认识，对塘房有了更深入的了解，最终可以汇总到塘房村内的教育、医疗、人居环境等总体数据中。荣朝大哥家的改造进入收尾阶段，邓大哥家也开始清拆了（见图6-54）。大家都拿起了电钻、剪刀和锄头加入"拆家行动"。当真正进入动手劳动的时候，我们才发现体力活也要动脑筋，例如哪些握持姿势利用惯性会更加省力高效，如何选择打孔钻洞位置会更方便拆解。

图6-53　小伙伴们积极进行入户调研

图6-54　团队修改方案后再进行清拆工作

2023年5月8日，今天由红塘村李国映师傅介绍的鲁史镇外援团队来到了村里。这支完成了镇上多家大型公建和酒店的施工队具有多年的施工经验。镇上的师傅来帮忙了，之前困扰我们多时的现浇混凝土坡屋顶问题便迎刃而解了。只见他们上午很快速地打好柱脚，用测量仪测距，立柱筋扎箍筋，下午便架好模板和支柱，开始搅拌混合水泥进行水泥浇筑了。见图6-55。与此同时，我们又学会了不少施工技巧：浇模前浇水好脱模；浇筑要用震动机排气孔压缝隙；六沙九石一水泥的黄金配比，不能水多加面，面多加水；砍树皮时要用手腕发力，刀刃为着力点；锯梁架的时候要用腰部力量，同时锯刀不可歪斜，垂直下锯才能快而省力地锯下。下午，景鸿宾副书记协同沿河村书记来访，在参观完两家改造试点后给了许多宝贵意见，上至政府资助渠道和方式以及农户协议细则编写，下至荣朝大哥的厨房挡雨问题，让我们受益良多。

图 6-55　团队亲身投入到扎钢筋、拌水泥工作当中

2023 年 5 月 9 日，今天上圈梁，整个建筑框架由墙顶的四条圈梁、两条横梁（架天窗）、斜屋板的四条斜梁构成，而如今建筑结构逐渐成形。考虑到云南多震，在结构施工设计时通过钢筋配比、梁柱配位和直径调整，使原来的石墙承重转变为混凝土柱承重，回应外部设计者希望保持传统风貌的同时，满足内部用户对混凝土新技术的设计需求，又能最大化保证结构安全。三级钢 40 厘米高的圈梁能够满足八级烈度的抗震需求。而今天师傅们把梁柱加高后，明天就可以上人字坡的矮面斜板。见图 6-56。

图 6-56　斜面混凝土屋顶建造过程

2023 年 5 月 11 日，我们在早上进行建筑普查和基础设施摸查的补充（见图 6-57）。尽管绝大多数农户已经进行了厕所"革命"，由旱厕改为冲水式厕所，但由于大部分人使用习惯仍未改变、管道排污网格未完善等问题，厕所卫生和人居环境仍有待提升，"革命"进程仍有半程。

图 6-57　团队补充建筑普查和基础设施摸查

2023年5月12日，早上我们带着户主荣朝大哥前往镇政府签改造协议（见图6-58）。感谢中山大学校工会和校友基金会筹措资金，凤庆县鲁史镇人民政府、塘房村村民和我们研究院通过共同缔造的方式进行传统村落保护发展和农房现代化改造，互帮互助，提升人居环境，助力乡村振兴。一户一策，带动更多的村民加入。

图6-58 通过签订改造协议推动农房现代化改造正规化

2023年5月13日，周末又到了，许多来自临沧周边市如大理、昆明、玉溪等市的游客前来塘房游玩参观。许多游客和村民看到展板后，都表达了对共同缔造模式的疑惑和好奇。随着塘房共同缔造模式下农房改造试点工作的推进，村民和游客会更加了解我们的工作，我们会收到越来越多的认可。见图6-59。

图6-59 团队向游客对共同缔造模式进行答疑解惑

下午团队对陶荣朝大哥家的墙面进行了粉刷（见图6-60），感叹粉刷真是个考验臂力和核心力量的活动，刷半天下来手臂都酸了，但是看着自己刷的光滑洁白的墙真的超有成就感！还偶遇了云南电视台《红茶》纪录片剧组，团队得知剧组也是被塘房村原汁原味的茶马古道传统风貌所吸引后，特意在村中还原和拍摄了古时候跑马帮行商的场景。两个团队一致认同塘房村的古风貌保护是必要且重要的。晚上抓紧时间再找荣朝大哥让其补充村史，继续完善口述史的记录。期望早日看到明媚的阳光，邓大哥家能够在模板的基础上扎钢筋，继续完成混凝土浇筑，早日封顶。

图6-60　团队协助进行室内装修粉刷

2023年5月18日，第一家室内部分进入收尾阶段，挂竹帘，走电排水，装灯具。第二家已经开始砌石墙，做好防水，准备上石板做建筑立面。这些天来我们见证了荣朝大哥的改变，从不知如何入手改造或是只是简单说厨房不好、有问题，到如今在我们的讨论和引导下，他对房子的改造愈发有信心和有主见，碎碎念地给我们说了很多他的看法：刷清漆才好看，换层板才防尘，这里需要加盖亮瓦才能防雨水……也许现代化不仅体现在厨房空间上，还体现在村民的现代化上，也许在我们潜移默化的灌输下，他们会开始愿意拥抱更舒适的生活，适应更方便的生活方式。见图6-61。

2023年5月20日，塘房宣讲活动终于跨过一周的阴雨绵绵，在这阳光明媚的周六与大家相见啦。"我的家园我来画""我家村史我知道""我的路灯我决定""我的村庄齐建设"，大、小朋友们纷纷响应"520"塘房主题，一起共建美好家园。见图6-62。我看着一张张或稚嫩或沧桑但笑容不减的脸庞，不禁感慨这小小一方公共空间承载的是家长里短，是柴米油盐，是烟火闲茶，是嬉笑玩乐……

第六章 传统村落共同缔造实践大家谈

图 6-61　焕然一新的室内外空间

图 6-62　李晓盈与大、小朋友们合影互动，协助直播

2023 年 5 月 21 日，今天周日，又迎来了周边旅游的小高峰。这次来的游客恰好赶上参观第一家已完工的厨房，他们对这个厨房纷纷表示赞赏——既保留了传统石头

灶台风貌，又能满足做饭的基本功能，整体室内环境温暖又明亮，十分有家的感觉。荣朝大哥从以前被动地躲在后面看着游客参观到现在主动讲解整个厨房的改造过程，相信他很快就能担起塘房旅游讲解员的重任。见图6-63。

图6-63　村民向游客进行讲解

下午大部队会合！师生们、三家户主、师傅们齐聚，吃上了热乎的开火饭，彼此的感情更进一步，共同缔造一步到"胃"！今天我浅当半天小厨娘，为开火饭切菜肉、拍黄瓜、煮牛干巴……荣朝大哥一直碎碎念："会不会？能不能做？太累了。你不行的。"最终我还是用行动打破了他对城里人生活不能自理、天天点外卖不做饭的印象！以后要在大哥面前好好表现，不能给大家留下"城里人"四体不勤、五谷不分的刻板印象。见图6-64。

图6-64　团队和村民一同准备开火饭

2023年5月27日，随着越来越多的"游客"进村参观，大家对农房改造试点也提出了各式各样的想法和意见（见图6-65）。讲解的过程中，不仅有我们对改造方案设计和共同缔造模式的输出，还有来自不同背景不同行业的观点输入。做工程的大哥会留意灶台屋内的卫生污水处理和进水排水问题，并留意房屋中石头墙的抗震能力。退休的教授会从专业的角度，从山泉水易枯竭、水源来源不稳定、游客承载量较少、政策支持不连续等多方面，推测村内发展旅游的可行性和可持续性。从塘房村这小小山村走出山外，在外旅居多年的姐姐回乡探亲，会感慨厨房改造要留下老家的味道，石头墙的样式和房屋结构不变是最好。从事林业行业的大哥更关注农房改造、道路改造以及未来的旅游开发会不会影响塘房村的林下经济，能不能有效保护当地的古树名木和珍贵树种。

图 6-65 不同的游客提出想法和意见

2023年5月28日,我们向工匠们学习了各种盖房专业知识(见图6-66):房子要盖"上七下八"、拐角要转平,石墙要垒高、不能小于一尺宽,哪里取材的石板石头最美观牢固……荣伟师傅骄傲地向我们展示他在村内建的大大小小的"作品",我们由衷地羡慕他一看就会、一上手就能盖好房子的"天赋",真不愧是村内的"首席"大工师傅。我们向大哥大姐们学习农家生活小技巧:田间耕种要整齐播种围垄才能更好地发芽,摘鸟儿吃过的果子才会更香更甜,用自家采摘的独门中药做成独门配方药酒才能更快消瘀,山上靠技巧辨认才不会误采草药……

同时,他们也为我们的改造提出了许多宝贵意见和另类角度:灶台石头压缝上漆才能更好地打理、不积灰,厨房竹帘吊顶做守边更美观、线头不出线……

图 6-66 团队与村民、与工匠双向学习

盖房的每一天里,从家家户户墙边热烈盛开的绣球月季和养护得当的各种中药草,从每日和我们茶余饭后的无话不谈,从每天路过亲切的一声招呼,塘房村村民们在我心中早已不是"塘房村村民"扁平的符号,而是一个个热爱生活并努力过好每个当下的鲜活的人。见图6-67。

图 6–67　李晓盈记录的塘房生活细节

2023 年 6 月 1 日，回顾这一个月的驻村生活，一路走来有许多酸甜苦辣无法言表。酸是初到时生活、心理仍未适应的委屈，甜是和村民逐步建立起来的亲密的友谊，辣是讨论方案时的激烈争吵，苦是身体力行体验施工的活技……

实践感想：

在学习的过程中，我不禁感慨。好的房子也许就像人体，具有精密而精确的系统：骨骼要强壮，建筑结构要稳当；皮相要美丽，建筑立面要整齐；能力要出众，建筑功能不能少。学习过程中离不开工匠师傅们的鼎力协助（见图 6–68）。

图 6–68　学习过程中离不开工匠师傅们的鼎力协助

在与村民同吃同住的过程中，我切实感受到村民口中常念叨的："在农村是闲不下来的。"这里的人为了生活，不分男女，大多精通多种技能，既会上树摘桃子、打核桃，又会做茶叶、炼核桃油。在村里，大家日出而作、日落而息，邓大哥在休息的时间都不忘帮助家里晾晒茶叶，荣英奶奶上了年纪仍每日早起赶牛羊、挑牛粪下田，他们每一天都是忙碌而充实的。见图 6–69。但是，即便每日辛苦劳作，他们的收入也只能维持温饱或者保证有些许的积蓄。如何利用村里的资源和建立支撑产业，增加村民的收入来源和人均收入，这是个大难题。

第六章　传统村落共同缔造实践大家谈

图6-69　村民邓世华大哥清扫施工场地

"纸上得来终觉浅，绝知此事要躬行。"在塘房驻村生活后愈发体会到只有在实践的过程中方能出真知，盖房的每一天不仅仅是身体在动，脑子也需要跟着学、跟着动，一些施工技巧和知识需要真正动手方能懂得其中奥妙，只动嘴皮不动手最终也只是纸上谈兵。

除了懂得实践的重要性以外，我更明白了规划应该建立在数据和资料基础之上。经过一年的调研，一次次的访谈和数据收集，我对塘房的建筑风貌、自然资源和村史谱系有了比较完整的了解。当掌握了当地详细情况时方能整合资源，提出针对性问题并从各方面"对症下药"。

我认为从一开始与施工师傅们慌慌张张地讨论到现在不慌不忙量数据、调方案，是一个自我成长的过程。因为每次与师傅讨论，不仅要从我的角度将设计方案中的建筑语言转换为更加直白的做法描述、形态要求，还要从他们的角度考虑施工难度、对技术要求进行调整，双方商讨一些现场施工时可行的即时调整手段，例如坡度是否增改、横梁是否做反梁架板等，而更多时候还有语言不通的问题。但是，随着沟通次数的增加，我们通过图纸勾画、手势比划，沟通效率也逐渐提高。见图6-70。

图6-70　研究院团队在施工现场及时讨论

除此之外，经过近两周的驻村生活，我逐渐由原来的感到新奇和好玩变得沉稳和平静，在重复的驻村日子里面寻找问题点并多加思考。我常想，驻村生活其实是对身心的锻炼，我们拿着"长枪短炮"拍摄素材，学习盖房挥着锄头，下一趟工地仿佛脱了一层皮。

有一天傍晚，下工的时候我们对雷师傅进行了采访。听了雷师傅分享自己学艺的过程，有辛酸也有收获。雷师傅还讲述了当年自己跟着师傅学石头房工艺时人才济济的现象，和如今石板技艺无人传承的情况，两相对比之下，显得十分落寞。而造成现在的境况的原因有很多，一是农村自建房逐渐被钢筋混凝土房所替代，市场大趋势正挤占传统技艺的生存空间；二是传统石板技艺具有很强的地方性，缺少建材和工匠都无法建成，这种难复制性劝退了很多年轻人花时间去学习，大部分人只想学个粉刷砌砖然后外出到发达地区务工；三是性价比低，大木结构的建筑上手时间长、难度高，工资却不比混凝土工高，年轻人找不到学习的动力。

对于如今石头房技艺的消逝以及无工可开只能坐冷板凳的情况，我们都表示惋惜和无奈，但是传承和发展非一蹴而就，如何鼓励年轻人参与、技艺如何发展，还有很长的路要走。

尽管团队已经讲解共同缔造理念不少次，但我发现给村民讲解其实需要从新的角度出发。我们尝试以更直白的语言描述共同缔造模式是怎么进行和组织的：是以农房改造户主和我们团队、政府三方互帮互助为基础进行的。我们围绕村民更切身的利益、更关注的小事、更日常的生活来讲解农房改造的意义和重要性，在一次次讲解中，我们与村民的心也越走越近。

在驻村学习的日子里，我逐渐领悟实践出真知，把论文写在祖国大地上的重要性。在走访过程中，开始更多地进行深入的思考：当我们作为外来者进入村中调研时，当与村民进一步深入交往后，我们的身份也许逐渐转换为介于村民和游客之间的"第三方"。在进行口述实录时如何能够站在不同的角度，更客观、辩证地记录内容和观点？如何更有效地从"第三方"视角，辨析城乡之间的利弊，更好地引导走出村的知识分子、地方乡绅等有志之士有效回流，以减少农村的"空心化"现象？图6-71为驻村学习结束当天众人合影。

图6-71　驻村学习结束当天众人合影

4. 侯先昱的工作日志及实践感想

2023年5月5日，再一次来到建立在石头和柴火堆上的传统村落，体会"晓看天边暮看云"的光与影（见图6-72）。成功入住甲方大哥家，也是村里的"CBD"，方案正有序推进。我们白天进行了入户访谈，访谈过程中体会村民的农耕生活与建房历史：蚕豆、玉米、茶叶的种植和畜牧的支柱产业及一个堂屋用10万斤石头的建造历程。实地走访发现，院落多为传统风貌的堂屋和倒座以及现代化的厢房共存的形式，传统与现代化本来就在并行，我们所做的不过是适应发展脉络、顺势而为。在规划改造方案的时候，应该充分了解村民的使用习惯和改造意见，也要引导他们适应新的能源使用方式和建筑功能，同时要考虑现代化设备新风貌与房屋旧风貌协调，做到"修旧如旧"的效果，以赓续建筑肌理与文化脉络。

图6-72 驻村生活乡村剪影记录初印象

2023年5月6日，早晨7点半就开工的师傅，完成了荣朝大哥家的石板铺设；邓大哥客厅正在拆除，"全石心"的材质异常坚固，真不愧是建立在石头上的村落（见图6-73）。

图6-73 师傅们清拆"全石心"的石墙遇到难题

中午赵大姐去接小儿子回家，我们一起做柴火饭，兆峰主厨，我们几个人打下手（见图6-74）。柴火灶的使用初感——难以掌握火候，想到大姐平时做饭游刃有余，便很敬佩。

图 6-74　团队第一次掌厨

今天继续进行入户访谈，访谈记录：村民消费水平较低，每年大笔钱用于治病，病痛造成了许多村民的赤贫和孤身一人，访谈时几近落泪……中午和老党员奶奶聊了一下，老人家 50 多年党龄，20 多岁开始尝遍人生百味，当过妇女主任，为家庭和村集体事业牺牲巨大，70 多岁了人还神采奕奕，每天放牛上山……每次让奶奶慢点注意安全，她说过最多的就是"没事，我们这里条件艰苦，谢谢你们来帮助，我们能帮忙的都尽量配合"，顿时感觉到一股真切而强大的精神力量，致敬！图 6-75 为陶荣英奶奶的荣誉党员勋章。

图 6-75　陶荣英奶奶的荣誉党员勋章

2023 年 5 月 7 日，荣朝大哥家老灶台基本完工了，灶台堆砌也是门大学问，需要做到不漏烟并聚集更多的火力（见图 6-76）。师傅们工作时刚好有天光落下，令我想起《考工记》的经典描述——"天有时，地有气，材有美，工有巧。合此四者，然后可以为良。"

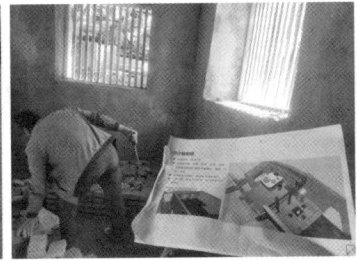

图 6-76　师傅们和团队对照方案进行灶台堆砌

今日老奶奶家客厅改造取得较了大进展，在工匠、村民以及驻村团队的相互协作下，完成了柱子拆卸、上房揭瓦和扎钢筋、水泥浇灌等一系列工作（见图 6-77）。

图 6-77　团队完成一系列清拆工作

晚上我们分别和老奶奶以及荣朝大哥聊天，了解村民收入和生活。村里好像没有串门走访的习惯，夜晚路也比较黑，路灯基本失修，但是小卖部前面确实能在早晚聚集比较多人，起到公共空间聚集"人气"的作用。与荣朝大哥聊天，回忆他的往事，大哥是村里同辈中文化水平比较高的人，但高中因故辍学，后来又经历企业改革等一系列事情，在劳动中腰和手臂受过伤只能回乡，一生坎坷，令人唏嘘。见图 6-78。

图 6-78　团队了解荣朝大哥曲折的生活往事

2023 年 5 月 8 日，荣朝大哥家厨房水泥建材部分基本改完（见图 6-79），剩下的主要是木柜家具。陶荣义和陶荣宪师傅晚上和我们告别，几天相处下来我们突然感到怅然若失。

图 6-79　陶荣义和陶荣宪师傅进行厨房改造的收尾工作

老奶奶家的客厅完成承重柱建模浇灌，在镇师傅、村师傅、户主和村小组长以及我们的协作下客厅改造进展相当快。中午看到老奶奶家倒座挂着"拾金不昧"的锦旗，了解到是前年老奶奶放牛的时候捡到一个游客的相机并还给了原主人。老奶奶一身正气，家风严谨。今天是做木工和水泥工实习小工的一天，上手之后才发现，看似简单的刨木和水泥配比也暗藏乾坤。师傅们技术娴熟，力道精准。图 6-80 为侯先昱积极参与到木工和水泥工的工作当中。

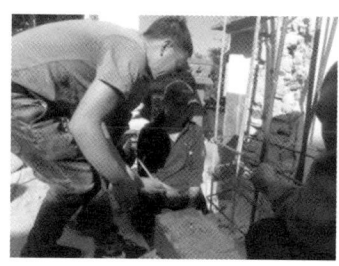

图 6-80　侯先昱积极参与到木工和水泥工的工作当中

2023 年 5 月 9 日，荣朝大哥家二层储物间护栏制作，师傅做得很快，用坏了陪伴三年的刨木机，下午又买了新的。图 6-81 为师傅进行室内的小木作活。

图 6-81　师傅进行室内的小木作活

老奶奶家客厅完成圈梁建模和浇筑，根据测算，按照 8 度烈度设防。走在茶马古道上，中午看到孤独的老人，晚上看到静谧的村子。这不禁让我想起了《百年孤独》，书中写道："父母是隔在你和死亡之间的一道帘子，把你挡了一下。你最亲密的人会影响你的生死观"以及"一个幸福晚年的秘诀不是别的，而是与孤寂签订一个体面的协定。即使以为自己的感情已经干涸得无法给予，也总会有一个时刻一样东西能拨动心灵深处的弦，我们毕竟不是生来就享受孤独的"。回过头一想，这个能拨动心灵深处的弦的东西可以由"共同缔造"来实现吗？老年人群体（尤其是农村老年人）目前还在规划之外，以何种方式才能建构起老年人的参与感、获得感以及幸福感呢？这也许是一个深刻而困难的课题。后面我又想起了《桃花源记》中"土地平旷，屋舍俨然，有良田、美池、桑竹之属。阡陌交通，鸡犬相闻。其中往来种作，男女衣着，悉如外人。黄发垂髫，并怡然自乐"，其中前半段关于景观风貌的描写应该比较容易实现，但是"黄发垂髫，并怡然自乐"如何实现呢？见图 6-82。

图 6-82　由乡村此情此景引发规划设想

休息时我们和木工师傅闲聊，得知他做木工已经 40 多年了，村里许多人家的门户家具都是他做的，但是现在年轻人都不愿意做了，相对来说水泥建材前景更好，他也在镇上兼职做水泥。传统技艺的传承需要有人，如何留住人、培养人是乡村振兴面临的重大挑战。见图 6-83。

图 6-83　年轻的混凝土工匠和年迈的木工师傅共同劳作

2023 年 5 月 10 日，今天荣朝大哥家的现代厨房加工台基本完成（见图 6-84），待贴瓷砖和配置竹帘柜门，传统风貌老灶试烧成功（龙门虎灶的烧新灶风俗）。

图 6-84　加工台基本完成

老奶奶家客厅圈梁浇筑完成，坡屋顶建模完成。早上下了一场久违的小雨。工匠说云南好久没降雨了，地里的苞谷、蚕豆都无法收割。下午和晓盈一起整理塘房族谱和空间对应关系，在各个组团中探究民居分布演变与血缘传承的关联，并从入赘、接脚、返姓等特征入手，初步了解彝族汉化过程中的文化特质。晚上和老奶奶一家商讨合作社章程与直播带货事宜。以茶叶为例，塘房村村民的茶叶卖给收茶的最多只能卖十几元一斤，而红塘村的"惺尘"几百克包装后即可卖到三四百元的高价。农民不应该作为一种身份而被禁锢在土地上，产业振兴的关键在于团结可以团结到的最多村民，挖掘特色产品，实现从生产端到供给端的转变。

2023年5月11日，今天荣朝大哥家厨房的加工台木制内层和木柜制作完成（见图 6-85），使用了老奶奶家客厅拆下的木板，以最大化利用现有材料。

图 6-85　做好的加工台木制内层、木柜

老奶奶家客厅坡屋顶建模、扎钢筋与浇筑完成（镇上的师傅、村里的木匠都在一起干活），见图 6-86。自己学习和实践工艺流程时，感觉非常困难，尤其是在烈日炎炎下，不由得对工匠们的技艺和辛劳心生敬佩。

图6-86 施工团队完成坡屋顶建模、扎钢筋与浇筑

早上我们对全村村民的人居环境进行调研，厕所"革命"取得一定成果。许多户已换上水冲式厕所，但管护是个问题，需要引导村民改变生活习惯；同时，化粪池处理后直接外排，污水处理存在短板。此外，或许人畜不分离的现状是人居环境改善的最大痛点，不仅居室内部环境受困于此，放牛牧羊过程中对于茶马古道的管护也是重大挑战；晚饭前和前来买茶的一个大哥聊天，大哥是沿河村村民，这两年开设了一个茶厂制茶，拥有全流程的制茶工艺，但是目前规模还比较小，销售渠道简单，固定投资成本高，普通村民难以学习，但若是依靠集体的力量还是有机会实现规模化生产的，难点在于如何建立组织机制与利益分配机制。

2023年5月12日，上午团队参加了农房改造签字协议讨论，景副提出"工作团队一体化，农房改造现代化、特色化"。

中午回来偶遇放牛的老奶奶，可以想见天地为席、独自放牛的生活应该是持续了许多年了吧。回到荣朝大哥家的村"CBD"，许多村民聚在一起聊天，见图6-87。而后准备明天活动的展板（见图6-88）。今日施工进度为：荣朝大哥家柜子加工完成，奶奶家客厅楼顶窗框和砖墙砌制完成（转自李筠筠师姐）。

图6-87 放牛的老奶奶和聚在一起聊天的村民生活照

图6-88　团队准备宣传展板

感谢中山大学校工会和校友基金会筹措资金，凤庆县鲁史镇人民政府、塘房村村民和研究院通过共同缔造的方式进行传统村落保护发展和农房现代化改造，互帮互助，提升人居环境，助力乡村振兴。一户一策，带动更多的村民加入。

2023年5月13日，早上准备宣传展板以及为来往行人讲解内容；而后画石板，因为下雨，原定的儿童活动取消了，还有小朋友来问，感觉有点小遗憾……

下午刷腻子墙，很考验臂力，厨房明亮了很多，等待明天上稻草漆；下午还偶遇云南电视台来茶马古道取景拍摄《红茶》的纪录片，有位记者表示塘房还是非常有名气的，石头房承载着茶马互市的历史；他们之前也去红塘村拍过，后面可能还会再去。我们建议他们去集体茶厂和小菜园走一走。今日施工进度：厨房完成了粉刷，客厅终于在大雨前完成了混凝土浇筑。见图6-89。

图6-89　实时记录施工进度并跟进纪录片拍摄进度

晚上团队对着谱系图听荣朝大哥讲村里轶事和陶氏迁徙历程（见图6-90）。

图 6-90　与荣朝大哥梳理村里轶事和陶氏迁徙历程

2023 年 5 月 14—17 日，由于暴雨和塌方，工程被迫停止，团队在镇上做内业工作。前两天走访了羊头山村篾笆桥小组，同样的石头房子（见图 6-91），但是看起来屋顶比较红，推测可能是铁含量较高的原因；问及当地村民为什么用石板，他们一致认为是当地土壤黏性不够做不了，近几年少数的砖房都是用从外地来的材料。回到村里以后，我们和工匠装起了村口的第一盏灯，把它放在陶大哥家门口，中山大学捐助的新一轮路灯马上运到，相信塘房会亮起来。见图 6-92。塘房的工程进度：厨房基本完工，准备局部装饰；客厅浇筑完成，等待做防水和上椽子石板。

图 6-91　周边村落相似的石头房景象

美丽塘房　共同缔造

图 6-92　亮灯工程安装过程以及结果图

2023 年 5 月 18 日。厨房改造基本完工，相比 2022 年 12 月已经焕然一新（见图 6-93）；口述史整理的过程也是用逻辑推敲的过程，在现有资料之下推敲一个家族在羁縻—土司—改土归流以及农民起义的宏观历史背景下的兴衰和迁徙；荣朝大哥父亲 80 岁时致力于编撰族谱，这与鲁史镇杨先生退休前致力完成《鲁史轶事》一样，都是有一股精气神在支撑，想为后代留住记忆，与"立德立功立言"的三不朽不谋而合，致敬！

图 6-93　完工的厨房白天和夜晚的效果

下附杨先生关于马帮书稿的部分内容：

马帮出行前选择吉日，常规的是忌讳两日，"七不出门、八不归家"，这两日即便是黄道吉日也须避开。大马帮主要在茶马古道的南北一线做生意，向南最远达缅甸腊戌一带，向北最远达昆明。途中要穿过一些亚热带的瘴疫地区，必须避开盛夏酷暑，马帮就把亚热带两种植物的生长反应作为出门的时间和临界的归期，叫作"箭草打架可出门，白露开花宜归家"。马帮出门前须祭财神和大勐神，祈求生意顺达，保佑发财，平安归来。赶马人要懂忌讳语，如果讲错了就会受同伴的谴责惩罚。早上起来忌"金刚倒塌"，晚上忌"豺狼虎豹"。马帮上路求的是顺利平安。"金刚"指途中的硬坎，"倒"指路边的树，为求途中畅通绝不能说"倒塌"二字。古道崇山峻岭地段多，时有毒蛇猛兽出没，为求人畜平安，忌讳的不能说，比如"柴"和"豺"同音，"豹"和"抱"同音，开稍做饭时不能说抱柴。把柴称为仗格，把抱柴称为薅仗格。马帮有自己的术语，不同的马帮有特定的术语和暗语。如米叫金沙子，盐叫海沙，鸡叫毛团子，猪肉叫板子，吃肉统称下数。辣子叫长把子胡椒，姜叫热货，茶叶叫苦叶子。生活用具：碗叫莲花，勺子叫顺子，筷子叫扳手，被子叫盖扎，毯子叫火条子，刀子叫快口，帽子叫天蓬，草鞋叫颗子，架皮叫架叶子，牲口跌到叫拿下数，天亮叫天花炸。还有煮饭不能夹生，舀饭不能中间挖，不能跨过火塘。违反规矩，不讲行话，要自己掏钱给同伙打牙祭。重者逐出马帮永不得加入。

2023年5月19—20日。荣朝大哥家厨房最终完工，荣朝大哥洋溢着笑容，而后把厨房、院落都规整了一遍。村民们通过共同缔造重新点燃了对美好环境和幸福生活的向往，并付诸行动，重新关注"劈柴喂马""做一个幸福的人"。下午，村口前的活动把很多老人、中年人、小孩都集中在一起，小孩通过石版画表达对这个世界的认知，中年人共同商讨路灯设置方案并群策群力，老年人坐在一起追忆往事，"黄发垂髫，并怡然自乐"在这个小山村慢慢实现。见图6-94。

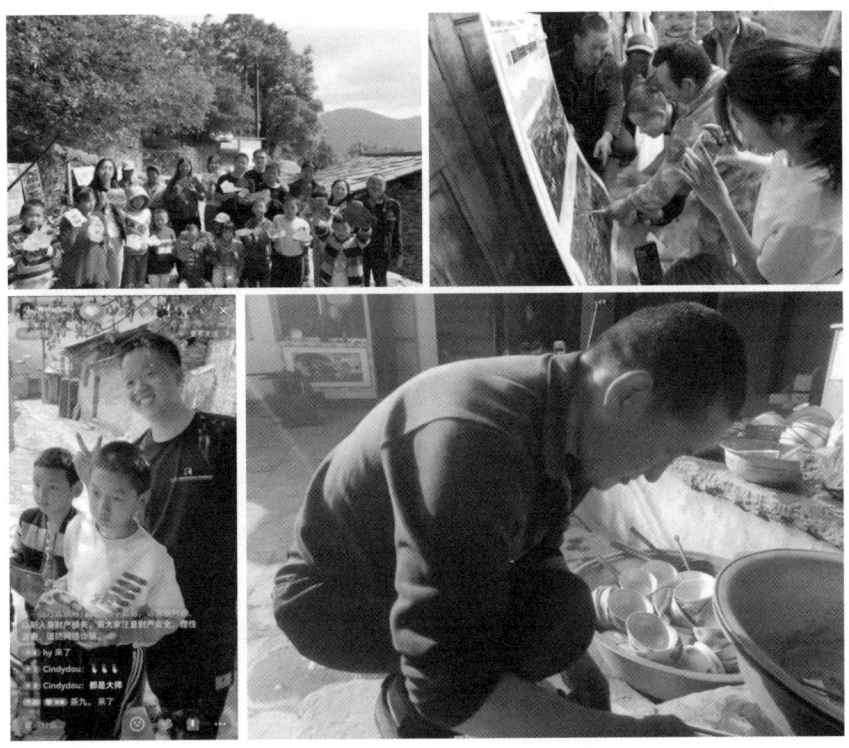

图6-94　其乐融融的村民们和幸福劳作的荣朝大哥

美丽塘房　共同缔造

驻村感想：

一个 30 多户的小村落有着无数的奇闻轶事，村民们筚路蓝缕，以启山林，至今也就百年左右，传统村落之传统不一定在于物质上的老旧程度，而更多的是保留了传统的生活方式，传统不是唯一的出路，我们所做的便是在其发展节律的基础上与村民一起创造更为舒适而美好的生活。

在过去的百年间，塘房是在傣彝文化与汉文化融合的过程中发展演变的，至今仍保留火把节等少数民族节日，而每家每户堂屋的"天地国亲师"无疑是儒家文化的体现；在发展演变过程中也充斥着与自然的协调和斗争——因为避风和水源选择在此定居，因为在营盘山上发现适用于屋顶的片石而逐步形成"石头寨"，但随后的建房热潮使得原始水源枯竭，水这一生命本源的重要性在村里体现得淋漓尽致，甚至在我们离开的前两天有村民家因水管损坏而焦头烂额。很多村民身体不好，或许是长期饮用未经处理的山泉水的缘故。

这一个月，不知是不是巧合，游客明显多了起来，看着荣朝大哥和游客的互动，我感受到了他的变化——2022 年 12 月我们刚到塘房时，我问一句他答一句，而现在他已经能主动向游客介绍塘房，后面也有开民宿的想法，说明荣朝大哥重新燃起了对美好环境与幸福生活的向往，这也是厨房改造的重大成效之一。

愿景与向往需要多方的共同努力，旅游、纪念产品、合作社能为村里带来什么，需要大家的共同协作来验证。希望塘房这既有风又有光的地方越来越好，下次再见！图 6-95 为改造后村民安居乐业的塘房村。

图 6-95　改造后村民安居乐业的塘房村

后　　记

　　《美丽塘房　共同缔造》汇聚了团队师生多年来在传统村落保护与利用领域的理论探索与实践成果，展现了学术界与地方政府、社会各界在推动乡村振兴与城乡协调发展中的共同努力。本书以"共同缔造"为核心理念，探索传统村落保护与开发的创新路径，通过带动村集体经济增收，助力乡村可持续发展。在本书付梓之际，谨向相关人员和单位致以诚挚谢意，并对乡村规划的未来发展提出展望。

　　"鲁史镇塘房古村落保护与开发项目"创新采用"沪滇协作（项目）＋定点帮扶（中山大学策划设计）＋传统村落保护（当地）"的三方共建模式。衷心感谢凤庆县原挂职副县长王璠，凤庆县现任挂职副县长郭瑞、吴蒙，鲁史镇党委书记杨德海、副书记景鸿宾等领导的鼎力支持。特别致谢凤庆县原挂职副县长、艺术学院现任党委书记张哲同志，正是他通过中山大学校友募集到20万元启动资金，为塘房村的保护开发奠定了重要基础。这种多方共谋共建的实践模式，成功实现了传统技艺与现代功能的融合，在保护村落风貌的同时满足现代生活需求，推动塘房村可持续发展。

　　同时，感谢高松校长，校党委原书记陈春声教授，校党委副书记、工会主席国亚萍，校定点帮扶工作组组长许东黎、副组长黎晓天，地理科学与规划学院党委书记岳辉、院长薛德升教授等对塘房村人居环境建设的指导与支持。还要感谢本地工匠陶荣伟、陶荣康、陶银邦、陶荣宪等人的精湛技艺，以及龙晔、李晓盈、侯先昱、邓鑫、闫柯如、刘锦锋、王洋、钮建华、宋紫娟、华微、谭舒颖等同学的专业投入，他们以工匠精神实现了乡村建筑适应性更新改造技术的创新。最后，感谢中山大学出版社社长王天琪的大力支持，感谢李晓盈、王洋、龚伶俐等在文献搜集、书稿撰写、图片绘制和文字校对等环节精益求精，力求呈现高质量成果。正是各方的通力合作，使本书既展现了乡村规划实践成果，又深刻反映了当前中国乡村发展面临的复杂问题及应对策略。

　　展望未来，正如本书强调的，"共同缔造"不仅是方法论，更是时代精神与治理理念的体现。期待更多学者和实践者以此为起点，深化传统村落可持续发展研究，为城乡融合、生态文明与社会和谐提供更坚实的理论支撑和实践路径。

　　谨以此书献礼中山大学百年校庆，致敬所有参与支持本次实践的同仁。愿我们的共同努力在乡村振兴道路上持续开拓，为中国可持续发展事业谱写新篇章。

王　劲　陈婷婷　李筠筠
2025年3月于中山大学康乐园